# 传统出行的激荡时代

## ——行在十字路口的公路客运企业

The Surging Age
of Traditional Transportation

王玉辉 著

人民交通出版社股份有限公司
China Communications Press Co.,Ltd.

## 内容提要

本书分十章对公路客运行业进行了全面分析，主要包括公路客运行业现状、再定义、行业目标、转型升级方案、旅游联盟以及政策制度研究等。

本书适合道路运输企业经营管理人员、交通运输行业主管部门管理人员、交通运输类高等院校师生学习参考。

**图书在版编目(CIP)数据**

传统出行的激荡时代：行在十字路口的公路客运企业／王玉辉著．—北京：人民交通出版社股份有限公司，2019.1

ISBN 978-7-114-15241-2

Ⅰ．①传…　Ⅱ．①王…　Ⅲ．①旅客运输—公路运输企业—研究　Ⅳ．①F540.5

中国版本图书馆CIP数据核字(2018)第288970号

**书　　名**：传统出行的激荡时代——行在十字路口的公路客运企业
**著 作 者**：王玉辉
**责任编辑**：刘　博
**责任校对**：张　贺
**责任印制**：张　凯
**出版发行**：人民交通出版社股份有限公司
**地　　址**：(100011)北京市朝阳区安定门外外馆斜街3号
**网　　址**：http://www.ccpress.com.cn
**销售电话**：(010)59757973
**总 经 销**：人民交通出版社股份有限公司发行部
**印　　刷**：中国电影出版社印刷厂
**开　　本**：880×1230　1/32
**印　　张**：8.5
**字　　数**：177千
**版　　次**：2019年1月　第1版
**印　　次**：2019年1月　第1次印刷
**书　　号**：ISBN 978-7-114-15241-2
**定　　价**：58.00元

谨以此书献给

道路运输改革开放四十周年

苏州汽车客运集团有限公司

成立七十周年

# 序一

“十一”期间，欣喜看到王玉辉同志的《传统出行的激荡时代——行在十字路口的公路客运企业》完稿，感到十分欣慰。王玉辉同志自2010年4月离开北京来到苏汽集团（简称苏汽），从公司基层开始做起，并一直在苏汽集团物流板块工作，直到2016年进入苏汽高管团队。在公路客运行业发展的十字路口，作为公路客运行业的一分子，他始终在仔细观察和深入思考公路客运行业问题和未来，并通过自媒体公路客运企业家沙龙与行业进行广泛交流。思考的成果编辑成册并由人民交通出版社股份有限公司出版，值得祝贺。

今年恰逢改革开放四十周年，也是道路运输改革开放四十周年，苏汽作为行业中的普通一员，用自身的转型、创新、开拓肩负起企业基业长青的重任，得到了行业和同行的认可，收获了连续九年位列中国道路运输百强诚信企业首位的殊荣。

借王玉辉新书出版之际，与行业分享改革开放以来苏汽的探索历程、经验体会和前景展望。

## 一、行业改革发展号角中的苏汽

党的十一届三中全会后，苏汽顺着时代的河流从解放初期的艰难创业迈向了改革开放的探索时期。这一时期我们经历了两个阶段。1978 年后，国家进入拨乱反正、改革开放的新时期，苏汽也进入了由两个阶段构成的探索前行的新时期：一是 20 世纪 80 年代，交通部提出“有水大家走船，有路大家行车”的改革方针，苏汽逐渐从计划经济的模式中解放出来，通过建章立制适应市场经济、参与市场竞争、接受市场洗礼。二是 20 世纪 90 年代，当时交通运输仍是国民经济的薄弱环节，运输能力无法满足社会需求。国家把交通运输发展作为影响国民经济发展的全局性、战略性和紧迫性任务。苏汽在市场的浪潮中加快改革、推陈出新，确立了“集约化经营、市场化运作、规范化管理”的经营机制。

改革开放以来，“国营、集体、个体”三个一起上的交通运输建设方针实施后，苏汽面临巨大冲击。为此，苏汽采取四项措施应对当时的市场环境：一是对二级单位实施模拟法人管理，在当时增强了企业的经营活力；二是全面推行车辆抵偿承包，在当时扭转了企业的亏损局面；三是实行资产委托经营责任制，在当时改变了吃大锅饭的惯有倾向；四是在市区推行站运分离，在当时克服了内部的无序竞争，形成了专业分工、各司其职的良性互动局面。

从 1978 年到 2000 年，苏汽的发展伴随着运输市场的改革开放和社会主义市场经济建设的进程一路前行。在此过程中形成三点体会：一是苏汽的发展顺着时代潮流，从计划经济的封闭走向市场经济的开放；二是苏汽的改革有着时代特点，围绕市场放开后的“三私”行为和无序竞争大胆改革、破旧立新；三是苏汽的变化带着时代烙印，从传统国有企业到现代企业的转变，镌刻了艰苦奋斗、自觉奉献、踏实务实的时代烙印。

## 二、行业转型发展大潮中的苏汽

经过改革开放40年的探索前行，我们深知：一味地应对变化，早晚会被变化打败，以变制变方能永葆青春；一味地跟随潮流早晚会被潮流舍弃，勇立潮头才能焕发生机。自2001年起，苏汽通过“整体改制、市场整合、产业转型”走上了快速发展之路。

一是以整体改制为引领，激发了企业活力。

进入21世纪，从国家到行业出台系列企业改革的指导意见，在政策推动和市场引导下，全国道路运输国有企业纷纷加入行业改制的浪潮。苏汽按照“产权人格化、投资多元化、劳动力市场化”的总体要求，经历酝酿、调研、准备、调整和实施五个阶段，于2001年初正式由国有企业整体改制为国有参股、职工持股会控股的混合所有制企业。苏汽的整体改制以准备充分、实施平稳、运行规范、成效显著的特色，成为苏州市非工业性企业中亮出第一块整体改制牌子的先导性企业。改制至今，苏汽先后通过与地方国有企业、民营企业及个体经济进行合作，现已成为拥有11个分公司、101个控股企业（集团）、59个参股企业的混合所有制运输集团。

实践证明：混合所有制使企业员工成为企业主人，全面调动了员工的工作积极性和主观能动性。与此同时，改制过程中构建的现代法人治理结构、实行的大集团运营体制以及小机构办公机制，激发了企业的内部活力。

二是以市场整合为导向，扩大了经营规模。

2004年，国家鼓励道路运输企业实行规模化、集约化经营。苏汽在国家鼓励性政策出台的两年前，就开启了以苏州县市为基点，逐步向外围拓展的圈层式整合发展模式，确立了“立足苏州、覆盖全省、辐射全国”的市场整合战略，通过兼并、重组、联合，迈出了从全市、全省到全国“三步走”的行业联动新步伐。市县联合实现共强：自 2002 年起，根据“企业分级、线路分类、经营分工”的总体思路，苏汽先后与张家港、常熟、吴江、昆山、太仓等苏州县市和吴中、相城两区的交通运输企业以资产为纽带，实现了县市级以上客运企业的联合重组。省内联动实现共赢：2008 年底，在地域相近、人员相亲、理念相通、文化相融的基础上，苏锡常通四地道路运输企业结成战略联盟，联手组建江苏大运。以江苏大运为载体，全面开启跨区异地发展，与省内宿迁、兴化、姜堰等地道路运输企业开展深度合作，并联合江苏省内十三家道路运输企业，围绕联网售票、节点运输、接驳运输、定制客运等方面开展广泛合作。全国联盟实现共兴：2010 年，在省内联动整合资源的基础上，江苏大运将触角延伸至省外，与上海、安徽、河南、湖北、湖南、山西等地道路运输企业联合重组，并就旅游、维修、文创、驾培等领域开展点、线、面不同维度的抱团合作。

实践证明：通过全面优化道路资源配置、打通区域合作渠道，最大限度地释放了道路客运行业的网络效应、协同效应以及规模效应，打破了此前各地道路运输企业的区域市场垄断化和孤立化的局面，促进了全国道路运输行业的资源共享、信息共通、合作共赢。

三是以产业转型为动力，实现了快速发展。

道路运输企业普遍抓住了黄金十年的发展机遇，取得了骄人的发展业绩。随着全球金融危机蔓延、铁路航空快速发展、费改税政策实施等诸多不利因素的影响与制约，传统客运企业的发展遭遇了前所有未的挑战，转型发展迫在眉睫。苏汽主动调整、顺势而为、乘势而上，全面、高效、快速推动转型升级战略目标落地实施。

从最初“以客为主、多种经营”，转变为“以客运为支柱，公交、物流、旅游三龙盘柱，四轮并驱”，到中期的“客运物流两极发展，多元并举”，再到如今的“全面打造四大产业集群”，在稳固发展道路客运的基础上，加快发展现代物流、综合旅游以及汽车服务，实现多元发展的新格局。每一次战略的调整都是苏汽人明辨形势、突破自我的印证。大力深化客运板块的牵引力。在策略上，积极推行“车头朝下、眼睛朝下、触角朝下”，深入推进城乡客运一体化。在结构上，及时进入公交领域，参与重组市公交集团，与苏州五县市合作经营公交业务，全面构建起了省际、市际、城市、城乡、镇村公交客运网；同时涉足出租客运以及厂租厂包市场，树立品牌化经营理念。大力转化现代物流板块的拉动力。苏汽物流以基地建设为依托、以合同物流为基础、以城市配送为核心、以物流金融为延伸，通过智慧物流服务系统的搭建，形成覆盖合同物流、城市配送和物流金融等领域的“专业化经营、一体化协同、网络化发展”的产业集群经营体系，实现了物流集团向供应链集团的转型。大力强化综合旅游板块的竞争力。以旅游包车起步，成立旅游集散中心，推出旅游专线，重心从旅游的“行”逐步向旅游全产业链延伸。打造旅游平台，投身产品策划，布局景区运营，涉足旅游文创、酒店以及旅居颐养等领域，使旅游产业集群成为苏汽重要产业支撑和整体转型发展的新引擎。大力催化汽车服务板块的延伸力。坚持“主业精、辅业兴、整体强”的方针，积极拓宽经营领域，深挖汽车后市场的巨大潜力，大力涉足汽车维修、汽车驾培、汽车检测、汽车销售等板块，全面构建起汽车后市场产业集群经营服务链。

实践证明：转型战略的落地实施，使道路客运企业“门到门”的比较优势和自身的“专业性”优势得到了充分发挥，实现了主业发展的“二次突破”。在此基础上，多元化的产业结构有效降低了企业的经营风险，充分挖掘了道路运输企业的经营潜能，为我们实现从传统单一型的客运企业向现代综合型的运输企业转型拓展了发展空间，实现了可持续发展。

## 三、行业跨越发展趋势中的苏汽

当前，随着互联网等信息技术的普及和应用，行业进入了全新发展阶段，之前延续的产业格局正在面临一场巨变。在这场巨变中，行业将会被全新的理念、业态和模式所解构并重组。随后产生的是一个以用户需求为核心的新市场，以信息技术为手段的新业态，以产业融合为导向的新模式。面对这场不可逆转的变革，行业自上而下没有躲避、没有怯懦，而是主动拥抱、主动适应。立志成为行业转型先行者的苏汽，义无反顾地投身于这场自我颠覆、自我革命的浪潮。

一是从供给方主导走向以需求为中心。

过去，客运市场处于供方市场，用户需求处于走得了的最低层次。客运企业都是从自身角度出发，有什么车，旅客就得坐什么车，车停在哪，旅客就得在哪里下。但随着社会生产力的不断提高，如今的市场已然成为需方市场，运输资源已经出现过剩。因为产品过剩，所以有了选择，因为可以选择，所以产生竞争。最关键的是用户需求逐渐向个性化、多样化、定制化方向转变，客运企业原先所提供的服务与用户的新需求严重不匹配。如果道路客运企业仍然不为所动，仍然从自身角度出发，不以用户为中心，等来的必将是衰败。苏汽通过思想的变频，转变“坐商”的思维，形成以用户为中心的发展理念，以此推动企业组织结构扁平化，倒逼企业服务体系调整。

智慧驾培的初次试水。早在 2012 年，苏汽就围绕用户需求端进行思考和探索，针对驾培市场混乱的局面，从学员的角度出发，将智慧驾培推向市场，通过“一人一车、先学后付、自主择时、自选教员”的智慧驾培模式，使学员真正成为产品的消费者，彻底改变了传统学车模式。

班线客运的自我颠覆。2015 年开始，苏汽不再盲目等客上门，而是主动转变，谋求班线客运向定制客运的转型。围绕快速的需求，开行乡镇至火车站、机场以及非站务站点的定制快车；围绕便捷的需求，开行市区到县市、城际“门到门”和“点到点”出行服务；围绕舒适的需求，提供“大中小”“高中普”等多种车型选择；围绕个性化需求，提供公务商务、会务会展等不同类型、不同层次的用车服务；围绕多样化的需求，不断在公铁、空巴、陆陆等联程联运方面努力尝试。与此同时，在各大汽车站设立城市候机楼，打造集多种运输方式于一体的综合客运枢纽，为多式联运提供必要的硬件条件。

二是从传统粗放走向科技引领。

道路客运行业是传统行业，传统的思维禁锢了我们的行动，传统的鸡头文化导致到现在全国没有一个统一性的联网售票平台，整个行业对新技术的感知是迟钝的，对新技术的应用是落后的。伴随着移动互联网的发展，网约车平台如雨后春笋般兴起，并快速抢占客运市场。有数据显示，滴滴顺风车的开与关对整个班线客流的影响在 30% ~ 50%。互联网平台最本质的特点在于整合资源，并通过大数据分析让资源得以充分利用。而传统客运企业缺的不是资源，而是整合资源、合理分配资源的平台。苏汽在 2015 年确立了“智慧苏汽”发展年，从“以科技为支撑”转变为“以科技为引领”。

科技创新推动发展。在这场互联网掀起的产业革命中，苏锡常通联手全省、全国客运同行组建大运科技、长运科技、车巴达科技和中道科技四大科技公司，自主研发产品、自主开发系统，为搭建快捷、便利、畅通的线上客运出行服务平台提供有力的技术支持。

平台搭建引领转型。2015 年，联手同程网络成立车巴达（苏州）网络科技有限公司，巴士管家服务平台正式上线。上线以来，巴士管家始终以用户需求为导向，陆续上线汽车票、定制快车、城际拼车、定制巴士、火车票、机场接送、定制包车、校园巴士以及景点门票等功能模块。目前，巴士管家联网售票覆盖全国 20 多个省（市），累计下载量突破 2500 万，日均交易量达 8 万单，最大峰值突破 30 万单，获江苏首张全国网约车牌照。此外，巴士管家为行业内众多客运企业提供平台服务，支撑行业“互联网 + 客运”的发展。

三是从单一经营走向产业融合。

当前，无论是传统客运板块还是物流、旅游等新兴板块，发展动能逐步在减弱，闲置资源却逐步在增加。当行业遭遇到突变的现实危机时，首当其冲的就是我们单一的本地经营和本业经营模式。随着全球经济的深刻变化，产业之间的渗透融合日益活跃，未来的道路运输行业必将打破行业分割，消除行业壁垒。长久以来，客运企业积累了丰富的品牌、站场、车辆、人力、资金等资源，如何优化释放这些存量资源的效能，抢占未来市场竞争的制高点，是全行业也是苏汽在积极思考并探索的问题。

站商结合延伸站场资源。苏汽按照“站商并举”的原则，全面激活经营机制、盘活商贸阵地、整活站场资源，实现客流、商流的呼应互转，增创车站的附加效益。近年来，车站连锁酒店、连锁超市、站商综合体也逐步由概念落地为实际。2016 年，集长途客运、旅游集散、公交枢纽、城市轨道、商业广场等站商为一体的苏州汽车西站综合客运枢纽正式投入运营，作为全国首个站商综合体，是苏汽在站商结合方面一次大胆的突破和尝试。

运游结合消化存量资源。在旅游、客运两大产业共谋转型的关键时期，苏汽大力推动运游结合发展模式，全面推进站务员向旅游专业人才转变、闲置车辆向旅游用车转化、班线运输向旅游专线转换、客运站向旅游集散中心转型。2017 年底，苏汽联合 30 个省（自治区、直辖市）、34 家骨干企业成立了全国旅游集散中心联盟，通过搭建线上旅游平台、创建中道旅游实体公司、尝试汽车列车旅游新模式等，创新性地打造具有道路客运特色的旅游网络服务体系，力争为消费者带来交通衔接度、出行体验度最佳的全新旅游服务。

明年，也就是 2019 年恰逢苏汽集团成立七十周年。如何从一个传统公路客运企业转型成为现代服务业综合运营商，这是自改革开放以来我们一直在探索和实践的。《传统出行的激荡时代——行在十字路口的公路客运企业》一书，从当前公路客运所面临的严峻形势出发，深刻阐明了整个行业正处在发展的十字路口。书中结合当前新的形势，针对行业的实际，提出了许多建设性的发展建议，给传统公路客运企业的转型提供了新的视角和方向，值得我们深思。在此，诚挚地向广大读者特别是在这个行业默默奉献的客运人推荐这本书，希望通过我们共同的努力，创造出公路客运行业的再一次辉煌。

苏州汽车客运集团有限公司　党委书记、董事长

单建华

2018 年 10 月 12 日于苏州

# 序二

“十一”前夕，拿到玉辉《传统出行的激荡时代——行在十字路口的公路客运企业》书稿，我是一口气读完的，掩卷沉思，心中久久不能平静。

我是一名老交通人，曾经在传统公路运输企业工作近10年，后来转为从事交通运输教育工作直到退休。公路交通运输是我毕生的事业，我从事过计划经济时期政企不分体制下的公路运输管理活动，也经历了公路运输波澜壮阔、起伏跌宕的改革开放40年，但无论我工作或是退休，都情系交通，挂念着我热爱的交通事业，尤其关心我曾经工作过的传统公路运输企业。

20世纪最后十几年，在“有水大家走船，有路大家行车”以及“国有、集体、私有和个体一起上，各行各业办运输”的全面开放的发展政策下，长期吃大锅饭的传统公路运输企业在个体运输的竞争冲击下经营困难，纷纷倒闭，没有破产的也在生存线上挣扎，我曾为此而忧心；后来很多传统客运企业努力改革，探索出行之有效的以“车辆抵偿承包”为主的改革经营模式，奋力摆脱困境，从低谷中崛起，走上发展之路，我曾为此而欣慰；在进入21世纪的10余年，随着国家高速公路网的建成，传统公路客运企业抓住机遇，努力发展高速公路客运，更新车辆，车辆档次迅速提高，兴建客站，全国县以上等级客运站全面新建改建，同时涌现一大批优势骨干企业，取得优异成绩，我也曾为此而高兴。

正如书稿中所言，传统公路客运企业在经历了辉煌之后，进入了“失望的冬天”。随着高铁、私家车的迅速发展以及互联网的普及和网约车的兴起，公路客运量从2012年起发生了断崖式连续下降，几年下来，公路客运行业一蹶不振，到2017年，出现了“许多公路客运企业变卖车站，班线停运迭起；企业亏损不绝于耳，一片哀鸿遍野”的景象。我周围资深的公路交通人士在研究了局势之后认为，这次传统公路客运企业所面临的严峻形势，远超过20世纪末公路运输市场全面放开时的艰难。

从本质上说，20世纪末公路运输市场全面放开时，传统公路运输企业所遇到的困难，起因是在国家政策调整的层面，它是由于国家实施从计划经济向社会主义市场经济的变革，制定并贯彻一系列发展政策和改革战略导致的。然而，这次企业所遇困难的原因，却主要是在科学技术进步层面：一方面，高铁和航空自身的科技含量高，它们的兴起是由于具有先进的技术经济特性，其发展壮大完全是按照不同运输方式的分工合作理论进行的，符合综合交通运输的发展规律，具有不可逆转性；另一方面，“互联网+交通运输”自身就是刚兴起的先进科技。正是这些科技因素叠加起来，把传统公路客运业推进了“失望的冬天”。

正如书稿所言：“在强大的客观规律和趋势面前，一切都来得那么凶猛。”这种严峻的形势“倒逼公路客运企业在供给侧和需求侧两端都要进行变革，尤其是要根据需求侧变化来强化供给侧改革，要去运能、调结构、降成本、补短板”等，任务何其艰巨！

面对这样艰巨的任务和复杂的局面，前一段时间，我心中在疑惑：我们的传统客运企业经营者的理念能够跟上日新月异的形势吗？企业领导者们有能力选择正确的转型方向吗？企业领导者们能够制定正确的转型战略吗？企业有能够胜利完成行业创新任务的领军人才吗？企业能够采取正确的转型方法吗？读完书稿，我的这些担心消除了。书稿内容的启发，使我对多数的传统公路客运企业度过“失望的冬天”有了信心。我确信，传统公路客运企业的精英们已经找到了正确的改革方向，经过努力奋斗，一定可以顺利实现转型，再次走上发展之路。书稿中的分析说明，公路客运行业的精英们对当前所面临的困难形势认识是客观的，对造成传统客运企业困境的原因分析是深入的，对今后一个时期国家综合运输以及各种运输方式的发展方向的了解是透彻的，他们对当前公路客运的发展规律已经有了很明晰的判断和把握。

我认为，该书对当前和今后公路客运转型发展的关键性问题，不仅论述了，而且提出了正确可行的对策，有很好的参考价值。例如，书中提出了客运业联盟转型战略，认为这是当前最重大的战略，强调客运业突围必须从联盟开始。一方面，“互联网+客运”催生基于技术和交易平台的合作联盟，通过统一的交易平台实现大区域公路客运的网络化运作；另一方面，转型发展催生资源和市场共享的合作联盟，尤其是旅游和物流转型需要共享资源以实现共同市场。这必将有力地催生全国范围的专项合作和联盟发展。近年来，一批公路客运精英不仅认识到了此规律，还努力将其付诸实践。从该书“旅游联盟”一章可以看到，全国大中型公路客运企业的精英们，在交通运输部支持下，组建了全国旅游集散中心联盟（简称旅盟），到 2018 年 6 月，加入旅盟的公路客运企业有 321 家，涵盖职工近 30 多万人，旅游业务产值规模超过 25 亿元；精英们还组织了经营实体企业中道旅游产业股份有限公司，并在 2018 年成功推出很多新产品（如汽车列车旅游产品等），受到消费者的青睐，有了很好的开局，鼓舞了全国公路客运企业转型的信心。正如书中所言："联盟是抱团发展，联盟是公路客运行业的新常态，联盟是行业转型发展的重要力量，联盟是企业之间建立横向联系、情感认同、发展共同利益的渠道。"我要为书中提出的口号"新客运、新旅游、新旅盟"战略，点一个大赞！

书中的建议还有很多，诸如汽车客运站的商业转型、企业的组织结构转型、企业决策体制机制转型、企业经营方式转型、企业营销方法转型、企业文化转型等，书中甚至对政府部门的政策导向以及行业管理也提出了十分中肯的建议。对于这些建议，我十分认同，所建议的战略对策，对于公路客运企业今后的转型发展非常重要。但限于篇幅，我就不再赘述了，还是留给读者们自己研究体会吧。

在此，我向所有从事公路运输事业和关心公路运输命运的人们推荐这本书，它值得一读，尤其值得业内的决策者和管理者们一读。最后，我引用书中一段话与大家共勉："现在需要的不是瞻前顾后，而是壮士断腕；需要的不是改良，而是变革；需要的不是渐进式，而是激进式。这是因为留给公路客运企业的转型机会与时间不多了，或许五年，甚至更短。"

同志们，让我们共同为公路运输事业的再辉煌努力吧！

长安大学教授、博士生导师

郗恩崇

2018年10月5日　国庆假期于西安

# 自序

2012 年或是公路客运行业发展到了历史的顶峰，但 2015 年公路客运出现断崖式下降，并逐年持续性下降，景象不容乐观。有感于此，2016 年下半年我在《中国道路运输》杂志上发表了一篇《我国道路客运发展的若干思考》。虽然之前一直没有公路客运行业经验，但身在公路客运企业一直在思考公路客运企业的出路问题。

我一直认为，行业下行不可怕，关键我们思想要变频：一是要充分认识到行业发展环境变化了。其中，最核心的是旅客需求逐渐向个性化、多样化转变；移动互联网对公路客运行业也在不断解构和重构；产业融合日益成为新的商业模式并不断加速等。所有的这些变化都要求公路客运企业加快转型升级。二是要改变思维和扩展视野，用完全市场、互联网等思维方式和视野来做好改革发展的顶层设计。正如《我国道路客运发展的若干思考》的标题语所说，公路客运行业应该跳出行业的视野，坚持用所转型行业的视角看发展，用所转型行业规律干事业。

但是纵观各类行业媒体和观点，很多基于过去谈行业，基于现有模式谈行业，基于政策谈行业，鲜有基于未来、基于战略来谈行业，而我认为，基于未来和战略来看行业，才能更好地认清和把握本质，才会明确行业企业发展方向，各项改革发展措施才能命中七寸。

由于我虽在客运企业，却一直从事物流业务，因此，对于客运业务了解得并不太透，甚至是不清楚。或许作为“局外人”可能会有一些不一样的观点，尤其对于一些本质性问题反而可能看得更清楚点，提出的一些建议可能更大胆点，或许能给行业提供一个不同视角下的行业企业发展解决方案。

抱着这么单纯的想法，2016 年 11 月，我和我的挚友中国道路运输杂志社副社长刘云军谈了想做一个自媒体的想法，得到了他的大力支持和指导。于是，我就注册了公路客运企业沙龙微信订阅号，并坚持每周至少发表一篇文章，积累下来，竟然有了 50 余篇自己原创文章。于是，才有了本书的基础。

本书书稿内容全部来源于公路客运企业家沙龙公众号已发表的文章，从中筛选出 42 篇文章，同时，由于原有的文章体例基本属于时评性文章，整理书稿时对原有公众号文章标题和内容都作了改写。

本书共分为十章。

第一章，真的让我们看到公路客运的冬天来了，原本是客运企业核心竞争要素的车站在被拍卖，原本赚得盆满钵满的客运班线在停运。冬天来了，春天还会来吗？

第二章，认识清楚本质特征十分重要，因此，对公路客运行业进行了再定义。车站本质是什么？我认为是物业，如果按照物业的规律去经营，我想肯定会有“第二春”的。客运量下滑最核心的本质是什么？是高铁抢走了吗？我认为本质上还是供需之间失衡，供给无法满足需求，这是结构性问题。客运企业价值必须聚焦到旅客需求上，而不是一味埋怨高铁开通。客运企业转型的本质是什么？不是为了转型而转型，为了多元化而多元化。在当下，首先应是转移和消化客运体系里的闲置资源，要通过转型其他产业赋予客运资源新动能。

第三章，我一直在思考行业的终极目标是什么，我们每一个业内人对行业的梦想是什么。虽然属于不同的运输方式，但同属于运输行业，我一直期盼行业内能出一个海航一样的明星企业；我一直期盼行业能够打破区域垄断和分割，形成一体化服务网络，无论是站、运、修还是其他新兴业态；我一直期盼我们行业不再“鸡头文化”盛行，全行业联合起来，为一个共同的基于公路客运的综合服务网络而奋斗。

第四章，提出了移动互联网时代下的定制客运模式、城际拼车的发展策略，探讨了客运末端接送、联程联运等新的客运发展方向。我们有理由相信，这些业态是公路客运企业的未来，我们需要以壮士断腕的决心去发展这些新兴业务。

第五章，探讨了公路客运转型的方向，比如，车站要向综合物业、现代商业转型。公路客运企业要向现代物流和现代旅游转型，两个产业方向和公路客运有着天然的协同效应。

第六章，主要探讨了方法论，如何才能扎实有效地推动企业升级转型，要有定力和心力，要建立行商的营销法则，要不断忘却和抛弃过去的成功，要不断研发满足需求的产品，要建立阿米巴绩效考核体系。

第七章，重点剖析了公路客运行业企业的组织文化。我认为，公路客运行业有着三大行业文化，即本地文化、坐商文化和层级文化，这三种文化是公路客运企业改革创新的最大障碍。我们需要打破既有陈旧的组织文化，重构企业组织，全面提升组织能力，才能支撑公路客运企业转型升级。

第八章，重点对公路客运行业上市公司作了一些分析，从上市公司这个群体来反映公路客运发展情况。

第九章，探讨了运游融合实现全国联盟的路径。运游融合是公路客运企业转型升级的重要内容。

第十章，主要围绕国家提出供给侧改革要求，公路客运企业如何深化客运服务的供给侧结构性改革，既要降成本，又要补短板，还要强服务。

本书的形成、编写和出版，自始至终要感谢中国道路运输杂志社副社长刘云军对我的鼓励和指导，否则，很难想象自己能够坚持每周写一篇的频率，同时，很多灵感、观点，甚至语句都来源于他，有几篇文章他也参与了撰写和修改。

在我的学习和职业生涯中有两位最重要的领导和老师，在此要特别感谢。

特别感谢苏州汽车客运集团有限公司党委书记、董事长单建华对本书的鼓励和指导，并亲自为本书作序。苏州汽车客运集团有限公司自改革开放以来，勇于改革，敢于创新，通过整体改制、市场整合和产业转型等改革战略的落地，使企业一直处在道路运输行业改革发展的最前沿，自2009年以来连续九年位列中国道路运输百强诚信企业第一位。正是单建华董事长带领的这么一个持续改革、不懈奋斗的大家庭，给了我一个可以不断思考、不断实践的最佳平台。特别庆幸自己选择在2010年加入这个大家庭，并能够参与到道路运输行业改革开放以来最新一个改革发展的大潮中，争做一名弄潮儿。

特别感谢我最敬仰的恩师长安大学郗恩崇教授。恩师倾注一生默默奉献于运输事业，古稀之年仍潜心研究行业发展，虚怀若谷无愧学者风范，是我们后辈时刻学习的榜样。

在此亦要感谢我的妻子和儿子，你们是我从未改变的动力源泉。

作　者

2018年12月

# 目录

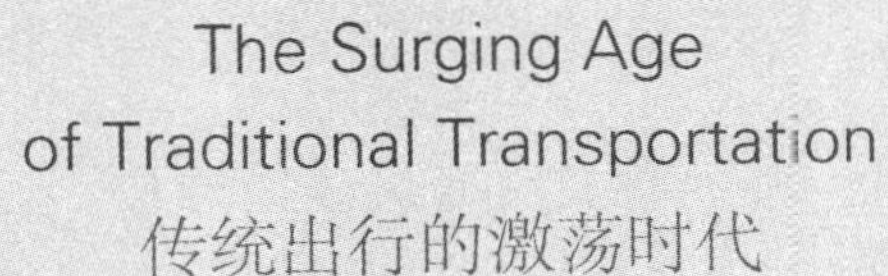

# The Surging Age of Traditional Transportation
# 传统出行的激荡时代

## 第一章

## 失望的冬天

失望的冬天

# 失落的2017年，那么2018年呢？

2017年是失落的。

商业之所以波涛汹涌，离不开一个“势”字。纵观2017年，公路客运的大势已然离去。

如果我们研究综合交通建设的推进速度、经济社会结构改革深度等，我们可以精准推演出公路客运的下行走线，留给客运企业的时间已然很少，不超过五年。

2017年，企业开始变卖车站，停运风波迭起，亏损之声不绝于耳，已是哀鸿遍野。

不得不承认，客运是一个效率低下、服务品质低下的僵化领域。互联网企业的所谓频频“打劫”，是对落后商业逻辑和模式的无情解构，这样的趋势是无法阻拦的。

这显然已是一个鸡肋的行业，食之无味，弃之可惜。

2017年，安全和行业管理成了企业发展和创新突破不了的天花板，已是企业不可承受之重，让行业窒息。

这显然已是一个矛盾的行业，民怨激生，各方厌弃。

2017年，行业转型升级已成共识，但未成气候。纵观行业，除极其个别企业外，大都是“旧址改建”，拖泥带水，沿袭了客运落后陈旧的商业逻辑，从转型的一开始就注定了转型升级失败的结局。

这显然已是一个烂根的行业，林木凋敝，升级无望。

2018 年，新时代的起点，我们已无法后退，但也不是一穷二白。

## 一、信念比什么都重要

这一代的企业家们经历了黄金十年，但这个十年却使得行业变得故步自封、抱残守缺，遗憾的是，行业缺乏企业家，企业家缺乏企业家精神。

这个行业的衰退，政府部门不会有丝毫疼痛，从业人员顶多辞职转行，但企业家们是经受直接冲击和碰撞的，天塌下来首先是企业家们要能够扛起来。

将企业家区分开的不是困难的有无，而是对待这些无法避免的趋势和困难的态度。

但愿 2018 年，更多的客运企业家不再是满腹牢骚，不再是得过且过，而应集体挺身而出，勇敢地扛起来。

斯托克代尔悖论告诫我们，坚持你一定会成功的信念，同时，要面对现实中最残忍的事实，不论有多大的困难，不论它们是什么。

但愿 2018 年，每一个客运企业家都要坚信，企业总有好的一天，这比什么都重要。

## 二、定好方向，少走弯路

转型，就是要重新定义行业，甚至重新选行业。

有前辈言，选行业就像坐电梯，有上行和下行的电梯。在上行的电梯里，即使什么都不做，也是往上走；在下行的电梯里，再怎么折腾，也是往下走。

毫无疑问，传统客运已是快速下坠的电梯，但如果基于新兴出行市场去重新定义我们的目标和使命，或许会重新站上风口。

但愿2018年有一个敢于自我革命、彻底摒弃传统模式、彻底断舍既得利益的企业家出现。基于未来，向死而生。

我将为之痴狂，摇旗呐喊。

转型旅游、物流等上行领域，用吴晓波的比喻，都是水很大的市场，但未必都能成为大鱼。

这取决于什么？用滴滴公司程维的话说，本质上要敬畏每一个领域背后的深度。

沿用客运传统那一套是天真，转型产业不吃那一套。看谁对转型行业有敬畏，并用转型行业应有的一套来干起来。

但愿2018年，全行业联合起来，形成一致行动，全面参与到转型市场竞争中去，赢取战略转型的成功。

只要不失去信念，有足够的勇气，并做到足够的坚忍和努力，一定可以战胜任何困难，不管它是什么，有多大。

个人如此，企业如此，行业亦是如此。

最后，回到行业，用吴晓波的话结束："商业是一场持久战，一开始比的是灵感、勇猛和运气，接下来拼的是坚忍、格局和理性。"

2018年，就用坚忍、格局和理性来打一场漂亮的阻击战吧！

## 走进失望之冬，已无希望之春？

公路客运的冬天特别寒冷，犹如这个冬天，这不是局部的寒冬，而是大范围的。狄更斯说，这是失望之冬，这也是希望之春。

但对走在末路的公路客运而言，已只剩下失望之冬，再也看不到希望之春了。

这悲壮的感叹，源于下面两个事情：

《汽车客运站收费规则》的论证引起了客运行业的激烈争论。站务费下降2个百分点，可能立马要了很大部分汽车站的命。这才有了某省汽车站群体联名上书交通运输部的事件。

自媒体公路客运企业家沙龙里的留言，大多针对行业管理政策，却鲜有关注企业战略转型和改革发展。

### 一、传统客运行业已处在供应链最底端

母螳螂生育前要吃掉丈夫，之后被子女吃掉，大自然这样安排有它的道理，作为人类了解到这个情况自是震惊不已，但却不可以此评价螳螂的残忍。

如此生态链上的自然道法比比皆是。

客运企业在传统客运模式上孕育的新型客运模式如果能够“吃掉”传统模式，则是产业创新的成功，也是企业战略转型的成功。

当然，过程是痛苦的，甚至是“残忍”的。

站务企业的上书请愿，多少是让人可怜的。

尽管如此，我们要问问一些客运企业置“效率”一词于何种位置？应对市场的效率，内部管理效率和执行效率等到底如何？这需要打一个大大的问号。

再问问一些客运企业，每天琢磨“经营”一词有几多？是否企业的管理远远大于了经营。用陈春花的话说，当管理水平超过经营水平，企业就离亏损不远了！

我们也要问问一些客运行业的员工，是不是上班就是来挑毛病，所有的制度都看不惯，所有的决策都有不同的意见，而不是想自己如何去做？是不是上班就是一杯茶水，一张报纸？

如此，置个人对企业的“价值”“贡献”于何处？优胜劣汰是进化的法则，何来怨天怨地。

我们也呼吁收费规则不要轻易调整站务收费价格比率，毕竟这关系到成千上万人的吃饭问题。

但也不得不说，上书请愿是无用的。

不懂得客户需求的企业，必然被“吃掉”；不懂得模式和技术创新的企业，也必然被“吃掉”。这是生态法则。

大多传统客运企业无效率，无创新，已处在行业最底端，大多数企业沦为打工者或已是必然。

沦为如“滴滴”之类企业的打工者，将被吃得连骨头都没有。

出租汽车企业的血泪史还历历在目。

二、传统客运行业普遍是根深蒂固的小农发展意识

有人言，互联网企业是游牧民，他们百无禁忌，而传统企业就如农民，他们把自己禁锢在一亩三分地里。

过去，行业身靠垄断资源、行业政策。绝大多数客运企业改革力度甚微，所谓转型改革发展，或许只是为了填补对现实的空虚和缓解对未来的恐慌。

企业剑指行业管理部门或者行业政策的不公平。如此看法对行业管理部门是不公平的。客运行业的十年辉煌除了经济社会快速发展的因素，很大因素却是行业管理政策的保护。

时至今日，如果说行业管理限制了企业发展，正所谓，成也萧何，败也萧何。

行业眼看上头，却从来不看下头。绝大多数客运企业发展收效甚微，所谓以客户为中心的口号，或许只是为了跟一下时髦。

客运行业的辉煌十年时期，倒是没有一个企业去质疑行业“人进站、车归点”的管理要求。这时需要客运企业质问自己的内在，企业过去是靠什么存在的，未来又要靠什么存在？

尤其是遇到目前如此严峻的行业下行形势，“鸡头”文化依然盛行。抱着自以为是的所谓资源走在失望之冬，不去利用，也不让别人去利用。

资源太好了不假，但都不想去利用，不会去利用，不敢去利用，则是一堆看上去很美的“废物”而已。

# 客运企业正面临的四大关键挑战

客运行业已经到人人谈危机、转型和创新的阶段。但我们发现,更多行业内的人还只是谈得多,做得少。谈得轻松,甚至高谈阔论,但真要做起来,就没了坚决,失了方向,少了方法。客运企业还没有真正认识到,我们到底正面临哪些内外部的挑战,哪些是最关键的。

## 一、挑战之战略执行

目前,战略执行是客运企业家一直关注的焦点,是困扰客运企业家的关键问题。

一项研究表明,对一般公司而言,战略执行质量如果能提升35%,股东收益将会提升30%。有效的战略执行能带来显著的收益,也决定了在瞬息万变的竞争环境下立于不败之地。

在客运企业的战略目标和方向大致形成行业共识的情况下,战略执行鲜有达到预期的,客运企业家们不时倍感挫败和沮丧。

问题出在哪里?症结或许出在两个方面:一是不知为谁而干。这是价值观问题,更是产权问题,也或许是管理激励的问题。二是不知如何去干。这是能力问题,也是管理方式的问题。

提高战略执行力通常有四个步骤:一是最高层管理团队要“一个愿景、一个声音”;二是层层分解;三是责任到人;四是回顾与提升。其实并不复杂,关键还在于对战略实现的决心。

二、挑战之组织重构

当前传统客运企业出现了极度年轻化和老化两个极端。大多存在老同志因循守旧、年轻同志眼高手低的现象,可谓青黄不接。老同志也不太知道如何管理所谓的“85 后”,尤其是“90 后”,本质核心在于人生观和价值观的冲突。这种冲突极易引起组织的不稳定。

劳动力的变化带来的人力资源管理工作发生改变,不再是传统的劳资管理,需要客运企业家们对组织机构进行变革。同时,客运企业投入了大量人力、物力发展非客运产业,且大多是完全市场竞争性产业。这更加要求客运企业的组织结构从传统的、层级式、功能型组织转变为更灵活、更扁平化、更紧密的团队。

德勤《2016 年人力资本报告》指出,92% 的被调查企业将组织设计列为最优先工作。但在客运行业,估计 95% 以上的企业尚未开展或者计划开展组织重整。绝大多数的客运企业还是在头痛医头,脚痛医脚,事倍功半。

星巴克创始人霍华德 · 舒尔茨在《将心注入》中的一段话特别适合这一挑战的主题,他的原话是:“如果你急于追求快速增长,你就需要奠定一个比你设想的规模更大的企业的基础结构。你不可能在两层楼房的地基上建起一幢百层高楼。”

三、挑战之持续增长

客运企业家们要充分认识到，客运企业过去黄金十年的增长很大部分是来源于市场的自然增长，而不是来自于企业经营能力。

我们最大的不安是，行业已进入生命周期的衰退期，单靠客运主业一路走到黑，不是增长乏力，而会成为一种绝望。客运企业亏损面已经全面蔓延，部分省份已经全面沦陷。

企业经营能力的有无或强弱是企业能否持续发展的关键性因素。长期处于垄断性资源型行业属性的客运企业过去注重的往往是行政管理能力，而缺少的恰恰是企业经营能力。很多企业的市场规模在地区很大、成本控制也很到位，但这并不意味着可以保持持续发展。

客运企业要努力提高自身的经营能力，包括对旅客需求变化、市场竞争环境的洞察和反应，对旅客出行价值链的打造和传递，对于需求导向的技术创新和应用，对于商业模式创新和重构，等等。

纵观行业，经营能力首屈一指的企业，南有苏汽，北有首汽。

苏汽集团在转型产业板块，如物流、旅游和汽车服务后市场等的快速发展充分显示了其强大的经营能力，同时，在客运产业方面对于新技术应用和商业模式的创新和成功实践，如巴士管家、定制客运等，更是彰显了引领行业方向的独特的战略眼光和经营能力。

首汽集团则完全进入与“滴滴”等搏杀的竞争阵列里，成为新出行市场的角力者。首汽集团对出行需求的把控和转化能力、对商业模式的创新能力和组织调整能力远超客运同行。

对于在增长之路上举步维艰，甚至接近崩溃的边缘的客运企业家们而言，更要永远记住，全球企业经常重复的一句口头禅，即“不增长，则灭亡”。

四、挑战之颠覆式创新

当提及出行领域的颠覆式创新时，首先想到的是“滴滴”。“滴滴”以一个颠覆者的身份出现，在于它通过聚焦长期被各地客运企业所忽视的细分市场，以更低的价格提供更合适的功能。

地方客运企业在如此长的时间内，人为地忽视了这一需求现象。或许有些地方客运巨头不服气地说，原来没有这个需求。但我们要经常反问自己一句：真的没有这个需求吗？其实，地方客运巨头们在一个大杂烩的锅子里吃得太香了，吃得太饱了，根本没有看到差异化的高端需求。

现实情况是：除了“滴滴”，一些饥肠辘辘、你从未听过的公司正准备抢占你的市场份额。在海汽集团这个绝对巨头占据的海南，也冒出来很多小的客运企业，自然会加上互联网头衔的。

其实，对于客运颠覆式的威胁，不仅是客运领域本身，互联网通信技术的发达也对人们的出行需求有一定抑制作用。这是客运行业更加不曾预测到的。

所以，对于不可避免和难以预测的创新威胁，对于客运企业而言，及时预知形势，拥抱变化，快速调整商业模式和组织结构，这是一种核心能力。谁拥有了这种能力，就将是下一个时代客运行业的翘楚。

# 客企停运的多米诺骨牌已经倒下

闽南快运厦门至泉州线的停运，进一步显示了高铁和网约车对公路客运的冲击力度之大。

可怕的是，这不是个案，而是普遍的，不是结束，而是刚开始。

如同多米诺骨牌，才刚刚倒下第一块，将会成片地倒下。同区域经济圈或跨区域经济圈内的城际线路是受到冲击的第一波。

基于旅客的角度，我们需要从旅客全程出行的效率和成本两个方面综合评估不同出行方式的优劣。

我们发现，两百公里以上城际线路最易受高铁的冲击，而一百公里左右的城际线路最易受到网约车的冲击。可以将旅客出行链划分为干线出行和起讫点出行两个环节来分析。

高铁出行没有改变起讫点两端出行的成本和效率，但对两百公里以上的出行距离，极大节省了干线出行的时间，即效率，而同时，大幅提升了出行安全，即服务体验。公路客运和高铁出行服务给旅客创造的客户价值不是在一个层面，至少在两百公里以上出行距离范围内相差甚远。沪宁高铁的开通使得曾经风光无限的江苏快鹿汽车运输公司无任何招架之力。同样，我们看现在市场上所谓的公路客运接驳运输则是逆商业规律而行，是勇士最后的挣扎。

但我们也发现，在一百公里左右的出行距离范围内，高铁对公路客运的冲击是有限的，这是因为干线出行环节所占用旅客的时间在全程出行时间中所占比例不大，与公路客运比较，节省的时间价值差距不够大。所以，闽南快运厦门至泉州线抵挡住了高铁的冲击。

但市场中总有那么一些人在研究如何给客户创造更多的价值，于是就出现所谓的网约车等，他们可以做到门到门，他们可以做到更低的价格，他们可以做到一键下单，等等。

为什么会被“大众认可”？究其原因是，网约车在末端出行这一环节为旅客创造了巨大的客户价值，更便捷，更低价。当然，也迎合了老百姓，尤其是“80后”等出行主力对互联网孜孜不倦的猎奇和尝鲜心态。

一、商业的普世价值

在强调以客户为中心的普世商业价值的今天，谁真正把客户放在了心窝窝，谁就可以“忽悠”住客户的心。客运企业高举旗帜打败高铁、打倒网约车是徒劳的，这不是市场竞争的本质。如何“忽悠”住客户的心才是市场竞争的本质。从纯商业角度，客运企业要自我反省的是，我们自己不去改变，凭什么不允许别人去改变、去创造，只要是为了创造更多的旅客价值。

二、深层次变革

闽南快运的泉州分公司应对所谓网络约租竞争采用一系列的

措施，严格控制运营成本、调整客运班次等。对市场而言，如果不围绕客户为中心去提供旅客所需要的出行服务和产品，这种降成本的供给侧改革是无效的，治标却不治本，无法改变无路可走的最终命运。

况且，很多的企业管理只是在不断改良，称不上改革。高铁出现，面对下降的现实和趋势，削掉一点虚高的成本；网约车发展，再削掉一点。正如，杰克·韦尔奇所言，管理中总有那么一种倾向，对于成本这个烂苹果，每次都只舍得削掉那么一点点。

有路可走的情况下，需要快速布局和推进全面的深层次变革，否则，结果是无路可走。无路可走之境，不要幻想时间会很长，而是会突如其来。

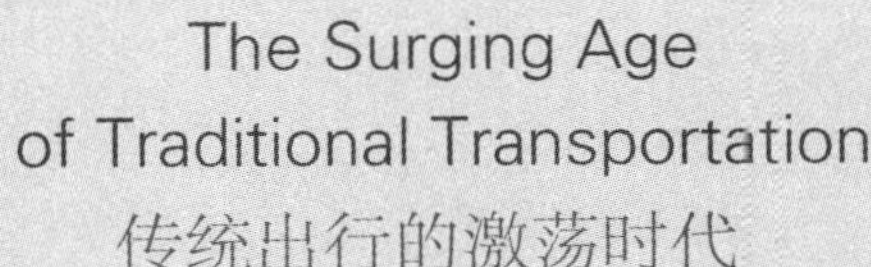


第二章

# 再定义行业

再定义行业

# 企业改变要从再定义企业价值开始

世界上有这么一则著名的墓志铭，是这么写的：

当我年轻的时候，我的想象力从没有受到过限制，我梦想改变这个世界。

当我成熟以后，我发现我不能改变这个世界，我将目光缩短了些，决定只改变我的国家。

当我进入暮年后，我发现我不能改变我的国家，我的最后愿望仅仅是改变一下我的家庭。

但是，这也不可能。

当我躺在床上，行将就木时，我突然意识到：

如果一开始我仅仅去改变我自己，然后作为一个榜样，我可能改变我的家庭。

在家人的帮助和鼓励下，我可能为国家做一些事情。

然后谁知道呢？我甚至可能改变这个世界。

行业一片哀鸿遍野，似乎公路客运行业也已到行将就木时，大都有一肚子的话说，牢骚也好，担忧也罢，倒像是准备给公路客运行业撰写墓志铭。

由于班线客运行业受到严格管制，公路客运企业发展规模很大程度上取决于政府和行业管理部门的态度和政策。这决定了整个行业的生态,企业寄生于行业管理,行业管理又依附于企业,两者的关系甚是微妙,不言其明。

所谓寄生,是一种生物体依附在另一生物体中以求供给养料、提供保护或进行繁衍等而得以生存。一些地方的企业承包经营比例奇高,管理方式又落后,是否可以理解为是在做“包租婆”“包租公”的行当。这难道不是一种寄生吗?

一定程度上靠着被给养、被保护,企业实现了过去十年规模上的繁荣,却事实上造成了发展素质的孱弱,尤其体现在思想落后固化、企业价值观扭曲、市场能力丧失等。当外来竞争势不可当,放松管制日趋临近,这对于未来是致命性的。

别急着撰写行业墓志铭。之前我们提到,公路客运企业要生存和发展,只有改变。那么,改变,可以从重新理解企业营销开始。营销有两个核心,一个是定义价值,另一个是传递价值。

## 一、定义价值,先定义企业

所谓定义价值,是指一个公司应该提供什么样的产品、服务,帮助人们完成什么样的任务,从而构成这个公司的核心价值以及存在的意义。

对于公路客运企业而言,这一点一直没有被清晰地勾勒出来,这是因为资源是政府给的、行业给的,所以,有了这个资源,就买了车,开了线,旅客就自动上门了。

很多公路客运企业对于自身的定义,根本没有认识到企业的核心价值在于满足社会不断变化的出行需求。最近几年,言必说消费升级，旅客出行的消费心理在不断变化，消费能力也在不断提升，导致人们对于出行服务所看中的东西发生了巨大的变化。

传统的班线出行服务产品的定义肯定会继续存在，只不过失去了对于旅客出行的更大、更好的帮助，那么，存在的价值和意义就极大弱化了。所以，公路客运企业定义的自身价值必须实时更新。

首汽集团将自身定义为汽车出行服务方案的设计者和顶级服务商，致力于“打造中国汽车出行服务领军品牌”。所谓服务方案的设计者和服务商，就是以客户为本，提供客户价值最大化的服务产品。围绕出行领域需求的新特征和新要求，首汽集团锐意改革，形成了“首汽租车”“首汽约车”“GOFUN 新能源分时租车”三个平台为主体的首汽移动出行产业格局。有理由相信，首汽集团将会是未来公路客运行业的领军企业，这是因为首汽集团已经找到了自身存在的意义，有了决胜未来的魂。

有了清晰的价值定义，才会有品牌。公路客运行业的品牌屈指可数，绝大多数公路运输企业其实是没有太多的品牌概念。当旅客出行，对服务有选择性指向时，才叫有品牌价值。

## 二、有了企业价值定义，才有产品价值定义

如今不再是无所不能的时代，而是高度市场细分的时代。定义产品或服务价值时，一定要进一步细分市场，不同类型的旅客有着不同的出行选择，旅客要求为自己量身定做的产品和服务，这将成为主流，而不再要求是统一服务。

缺乏服务价值，是传统班线客运一切问题的根源。据某平台

数据显示,传统班线的老少旅客的比例已经接近70%。班线客运日益成了老少等消费能力较弱旅客的无奈选择。服务越来越成为关键性竞争优势,但传统班线客运难言有服务,其在出行市场中的规模越来越小,是必然。

行业出现的定制客运、联程联运、网约专车、分时租车等是富有价值内涵的、紧跟出行需求演变和升级而设计的服务产品。出行产品价值链见图2-1。

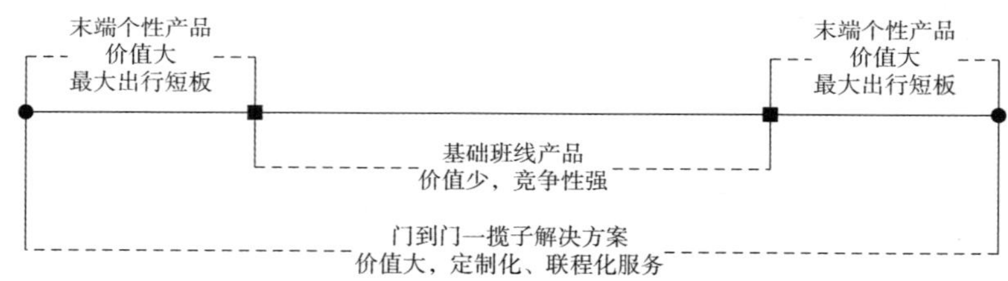


图2-1　出行产品价值链

三、传递价值,就是传播、推广和渠道建设

大多数进入道路运输行业百强的企业集团在集团层面设置了运输经营职能部门。在当今市场环境下,这种中间层已经失去了其存在的价值,要让生产部门直接沟通上(行业管理部门)和下(旅客),去除与此类同的中间层。

张瑞敏说过,企业里面的中间层是一群烤熟的鸭子,他们没有什么精神,也不会把市场情况反映出来。这个观点有点绝对。但有一点可以明确的是,所谓的运营经营职能部门是供给时代的产物,是不适应未来的,急需变革。

此外,公路客运企业一直以来严重低估了销售的重要性。很大部分的企业都没有负责整体营销规划和策划的职能部门，缺少专门的渠道来传递价值，即让企业所追求和创造的价值，让更多需要的人知道并使用。

1.旅客获得没有成本？

班线客运盛行时，站建好，客人到。企业没有感受到旅客获得的难度，唯一感觉到旅客获得压力的，应该是来自场站周边的“黑车”和“黄牛”的挑战。

企业经营者没有顾客获得成本的概念。但目前的定制客运等服务产品推广时，由于需要传递其价值并被旅客所发现并选择，必然要产生顾客获得成本，不再是同班线客运一样接近零成本。

因此，在考虑传递价值的方法时，一个很重要的概念：顾客获得成本。原则上来说，获得一个顾客的成本，要小于这个顾客给公司创造的所有利润。

很多公路客运企业没有考虑到这个因素。我们可以从客户丢失率的高与低来看经营者有没有意识到这个成本以及重视这个成本。客户获得成本是高的，客户丢失，再去获得客户，那么，成本就更高。如此，一个创新的、富有客户价值的服务到底能走多远，值得全行业思考。

2.还等着旅客自动上门？

如今公路客运企业的所有服务和产品，不管是已经形成了习惯的班线客运，还是很多人在抱着试试看的态度来试用的定制客运等新服务，都必须要有完善的推广计划作为后盾。

1）复杂销售：“一把手”老总也得出来搞销售

一个大型企业活动，一个大型政府活动，都需要各种类型的出行服务和保障,大车加小车,租车加用车,客车加货车,有些活动持续活动还很长。这种交易可能要上百万、甚至上千万,这么大的订单,有些时候要盯上个大半年、一年的。这个时候,就需要"一把手"老总出来谈判了。虽然不是天天有,但这种业务销售成功,对企业整体出行解决方案能力和品牌快速提升有着非常重要的意义。

2)人员销售:全员营销不等于每人背销售指标

人员销售就不需要老总出面了,建立流程向广大顾客销售服务产品。车站转型旅游,班车转型定制,大量的站务人员走到街头小巷开始了全员销售,可谓场面壮观。

全员营销不等于盲目上街入巷。如果销售定制客运服务产品,去广场舞场地进行销售;如果销售旅游产品,去建筑工地进行销售,那就过于盲目,甚至是滑稽了。

全员营销绝不等于全员背指标。其实更重要的是两个方面:一是要所有企业部门和人员要指向营销段,以客户为中心,围绕营销和服务来配置资源和协同作战,而不是各自作战和以部门利益为中心。二是要做好既有考核体系和新增销售考核体系的平衡,确保实现企业、员工和客户的多赢局面。

3)市场营销和广告:好酒也怕巷子深

广告对于新服务和产品是奏效的。对于 B2C 的模式,我们无力承担挨家挨户上门销售的成本,那么,广告就成了不得不做的事情。但整个公路客运行业鲜见影响深远的广告活动,这是由传统行业属性和惯性决定,还是源于对自身服务的不自信?

4)病毒式营销:唯一靠的是体验

PayPal 的创始人说,谁最先占领病毒式营销前景的细分市场,谁就能够成为整个市场的定居者。

以定制客运为例,定制客运是极具客户价值的服务和产品。往往城际通勤或者城际商务旅客是要赢得的最有价值的客户。如果通过极致的服务能够吸引这些旅客成为定制客运服务和产品“粉丝”的话,他们就会通过其广泛的朋友圈进行分享,会自然而然地邀请更多的有价值客户加入,如此链式分享和加入,就会实现指数级增长。

不过现实中,服务如何,体验又是如何?病毒式营销,没有服务和体验,就能一次性把自己给毒死。

# 聚焦旅客需求是客运企业价值核心

每当谈及客运量下降，我们都会将原因归咎于五个方面的冲击：一是高铁航空等其他交通运输方式带来的冲击；二是网约车等出行创新组织方式带来的冲击；三是私家车等消费升级后的自有出行方式带来的冲击；四是黑车等不公平的竞争方式带来的冲击；五是部分客运企业作为中间管理层的食利和束手无策。

客运量下降已是不争的事实，趋势不再是趋势，已是定势。掉入这五大原因的旋涡中争辩和对抗实在是没有太大的意义。

我们必须回到旅客为中心的基点来看待这个问题。我们要知道旅客和其他行业的用户一样，其追求的是“价值”，不是差异化。如果一件商品对用户没有价值，就算差别再显著，用户也不会理睬。公路客运当年的繁荣，不是因为和铁路、航空之间存在特别强烈的比较优势，也不是坐飞机和坐火车有多大的差别化，而是确实满足了旅客的需求。是因为当年火车票一票难求，满足不了旅客需求；是因为当年航空，一票太贵，满足不了旅客需求；加之中国交通运输方式发展战略次序上将高速公路网建设置于优先，使得公路客运的整体供给能力和水平恰好满足了旅客的出行需求。

公路客运繁荣的出现其实就是这么简单！行业的衰落也是如此，不是输在差别化上，而是不能像以前那样创造完全价值，不能完全满足用户的需求。

我们还是紧盯旅客需求来分析，出行需求可以从“走得了”、“走得起”和“走得好”来细分市场。当前各种出行方式基本都能够满足“走得了”和“走得起”的需求，当然一些特定的群体还会因为价格因素留在公路客运市场中，但是更多的旅客会基于安全、速度、便捷等“走得好”的因素毫不犹豫地用脚投票，选择其他的出行方式。

当消费升级到一定的水平，这种“走得好”的价值偏向将主导旅客的购买决策。

公路客运企业在服务方面做了很多的小创新、小改进，要打造比铁路、航空等更温馨的出行环境，但最后发现车站还是空空如也。显然，这些方面的改善不是旅客需求的核心价值。公路客运企业在传统的行业服务供给和服务产品模式下，任何努力都是徒劳的。这里，所谓的天道酬勤实在称不上一个溢美之词。

有日本“微信”之称的 LINE 前总裁森川亮的首部作品《简单思考》，举例谈及到了 Google 的成功。Google 将焦点对准了搜索引擎。Google 认为，在 Yahoo 这个市场先驱者所提供的服务中，最为用户所需要的就是搜索功能。于是，Google 通过开发搜索算法，精心打磨这项服务，把它的价值推向了极致。

任何行业和企业都应该紧盯用户最有价值的部分，并且单纯地针对这部分价值进行深挖。公路客运企业同样应该如此。最有价值的部分是旅客门到门核心需求价值，这也是公路客运企业在所有出行方式中最有基础和条件创造和提供的价值。

盯着不断下降的运量报表不放，不如紧盯着旅客的核心价值，打磨全新的点到点、门到门的出行服务产品。真正的远见是要放弃掉即将不复存在的既得利益，去开创新的产品时代。当年首汽放弃传统巡游出租汽车既有利益规模，整体转换发展网络预约出租汽车仍是传统道路运输行业转型的典范。但是遗憾的是，在城际客运领域类似变革和转型至今未见。

或许未出现的原因是大多企业躯体无法承载一个全新产品时代。产品创新或许简单，但是客运企业传统得不能再传统的组织和文化等无法承载全新产品的运转。是时候把原有的骨架打散，把经脉挑断，再一根一根、一条一条，围绕满足旅客核心的价值的要求再连接起来。首汽的聪明之处在于“新址重建”，而不是“旧址改建”，一套全新的组织和文化体系，如是后者，首汽约车未必有今日之盛誉。

既不会聚焦旅客价值进行产品创新，更不会适应产品创新进行内部变革，凭什么会得到好的发展？凭什么一定要基业长青？该垮掉的就垮掉吧，再用市场的方式全面重建，这才叫生态。

再定义行业

# 经营模式改革必须先喝的三碗“鸡汤”

## 一、预见未来

在供不应求的供需格局和严格管制的制度时期，公路客运模式有着两个最核心经营资源，一个是客运站，另一个是线路资源。这两样是公路客运行业的“牛鼻子”，抓住了“牛鼻子”，就会带来快速发展。

新国线运输集团有限公司从2010年开始致力于构建面向全国的快速道路客运网，就是通过收购兼并、合资合作等方式获取两种主要资源，但当时这些核心资源都掌握在地方性公司手中，新国线要获取优质的站点和线路资源谈何容易。

而今，消费升级带来的需求变化让两种经营资源在企业发展模式中的作用发生了根本性的变化。

首先，门到门、个性化的出行需求日益旺盛，使客运站在经营模式中的地位不再那么坚不可摧。我们的服务对象对传统客运服务模式不满，并予以摒弃。他们更偏好在就近的地方上下车，而传统模式下，必须去客运站才能上车。

公交首末站或者一般公交站、地铁站、城市主要商圈、社区标志性地址、校园等都将会成为旅客上下车的理想站点。目前,很多地方校园班线发展得红红火火,这是将客运站前移到了旅客生成地——校园,从流程上去除了最前几公里的环节,让学生获得了极大的出行便利。

其次,网约车等合法化,倒逼线路资源许可完全开放,线路资源不再是客运模式核心生产要素。当下,作为六大互联网颠覆产业代表之一,公路客运已经被冲击得千疮百孔。

这是一个去经验的时代,过去的经验已经完全失效,过去的模式已无法持续。在所谓"互联网+客运"的颠覆者眼中,我们的商业模式的核心资源根本就不是他们商业模式中的核心资源,让商业模式有效运转最重要的因素是信息技术和大数据,并用技术的快速迭代在最短时间内建立起行业壁垒,挡住后来者。

## 二、保存核心

公路客运企业未来的核心竞争力包括两个部分,一个是渠道通路管理能力,另一个是标准化安全生产能力。

以客户为中心,客户是企业最大的核心资源。渠道通路是客户的接触点,在客户体验中扮演了重要角色。公路客运企业最原始的渠道是柜台售票,再后来是自助售票、网络售票等。如今,网络售票在整体售票总额中的比例越来越高。某些地方售票选择与互联网企业合作,如果条款谈判不好,就会丧失渠道通路管理能力,就会真正成为互联网企业的打工者。

还有,很多地方企业的经营模式采用的承包经营模式,将线路经营权完全让渡给承包人,企业根本无法掌握旅客信息资源,慢慢地企业就成了中间机构。这是非常危险的动作。有些人会说,过去我们这么干的,现在也这么干,未来更要这么干。

李开复曾经说过,互联网时代,任何从产品到消费者中间赚钱的机构最终都会消失。中间机构最终都会被互联网干掉。现在是移动互联网时代,客户和服务之间不再需要中间状态,只需要两者之间的相互连接,就可以做到。

不管客运经营模式如何改变,旅客的信息资源必须要掌握在企业手中,这才是企业所拥有的最大财富。过去我们传统的生产方式无法掌握旅客的具体画像,但通过互联网化,让信息流和数据流实现闭环,我们可以掌握旅客大数据画像特征,就会产生巨大的商业价值,且这种价值不会因为客流的下降而降低。

从这个角度看,实名制其实也是有好的方面,可以让旅客信息更加全面,更加具体化,可深挖的大数据价值就会更高。

标准化是企业走向成功的基础。企业成功需要有高瞻远瞩的顶层设计,演化为自成体系,体系再具象化成为标准化。犹如乐高积木,它是一种万能的标准单元,可以搭建出各种形状,充满了想象空间和创新可能。同时,也说明一个道理,变革创新必须要有稳健的基础。为什么大多公路客运企业转型难以成功,这是因为管理的非标准化导致基础不牢固、不稳健。

因此,公路客运企业绝大多数的生产功能环节都是凭借经验,依赖的是员工个体的自身素质和能力,但是每一个个体都不一样,参差不齐,无法完全达到标准化,进而会有不同的产出、效率和效益。在人才资源政策上,就会受制于所谓的人才,迁就于所谓的人才,企业就无法从必然王国走向自由王国。如此,企业想裂变成功比登天还难。

三、激活个体

公路客运企业在组织功能上十分强调管控,或许因为外部环境是严格管制的,或许外部环境是非市场化的,所以,内生于组织也是强管控的特征。这种强管控所带来的现象就是,管理人员变成了"公务员",职业驾驶员变成了"飞行员",站务人员变成了"机器人"。

如今我们一直在强调外部环境发生了巨大的变化,经验已不再是财富,甚至成了一种障碍。因此,我们的组织管理要解决两个核心问题:

第一个是解决绩效问题。让管理人员不能是"公务员",让驾驶员不能是"飞行员",让站务员不能是"机器人",每一个环节的人员必须要有绩效管理。绩效管理的本质是激活每一个个体的潜能,发挥每一个个体的主观能动性。

如何让驾驶员不成为"飞行员"?需要赋予其经营责任和收益空间。纯公车公营,实载率多少与其无关,驾驶员只要做好"飞行员"即可。要解决这个问题,就要将实载率和驾驶员挂钩。无论是责任经营,还是承包经营,均是形式问题,不是本质问题,可以百花齐放,各显神通。

如何让管理人员不成为"公务员"?需要确定好经营和成本边界,实现封闭式管理,并加以严格的绩效管理,例如,采用"阿米巴"的经营方式。

如果不给经营管理人员树立强烈的投资回报概念和成本收益

意识，管理者自然只要做好“公务员”就好，想法很多，做法很少，想得多不犯错，做得多就会犯错。

当今，所有的东西都是开放性的，都将趋于自由，组织管理真正要做的事情是让组织中的每一个个体具有创造力，要从管控变为赋能，不能再强化“上”的权威，而应该强化“下”的动能。

第二个核心问题是面对未来。要有开放度，以未来可能出现的高铁和私家车彻底摧毁公路客运体系来设计我们的组织架构和重塑组织管理。真正的成功者必然是那些置之死地而后生者，彷徨犹豫者、忧心忡忡者、知难而退者都将不可能裂变为行业翘楚。

# 客运多元化转型需远离的三大陷阱

想必公路客运业内人士没有不知道北美灰狗公司的。灰狗公司是一家成立于1928年、有着近90年历史的长途客运公司。

交通运输规律不论在哪个国家都是一样的,只不过所处的历史阶段不一样而已。灰狗公司也随着综合运输体系和运输管制政策的变化而发生了巨大的变化。

这个过程中,灰狗公司秉承着强烈的意愿和坚决的行动,推动公司多元化转型发展,以此改变在人们心目中的“一家长途客运公司”定位和公司未来。灰狗公司花了很大的精力想让人们相信,长途客运收入只占灰狗公司总营业额的一小部分;甚至,灰狗公司花了数百万美元向金融界宣传自己“不仅仅是一家长途客运公司”。但即便是付出了巨大的代价,如今,灰狗公司还是一家客运公司。

## 一、多元化未必解决得了转型问题

公路客运企业大多在谋求多元化转型,这成了在公路客运主业剧烈下行形势下的强心剂。

但我们要说的是，多元化并非公路客运企业最有效的发展路径，因为通常情况下，多元化无法必然带来公司所进入行业的重大成就，往往只是宽泛的、没有长期核心竞争力的服务和产品。

如果是这样的话，多元化在公路客运企业转型路上是没有意义的。

举个例子：GE 因为是世界上最大的电气制造商而闻名于世，而不是一家生产工业、运输、化学和家用电器产品而出名的企业，其生产的数千种消费品和工业品，不成功的大多数是非电气类产品。

当年，杰克·韦尔奇担任 GE 的董事长不久，就提出要坚持在自己进入的每一个行业里做到“数一数二”的位置，并将这一目标作为实实在在的要求，要整顿、出售甚至关闭那些不能达到“数一数二”目标的产业。

我们注意到，当时，GE 无论是资产规模还是股票市值，都是美国排名前十位的超级大公司，是美国人民心中的偶像。但韦尔奇看到其中的问题，“如果我们对这项业务的长期竞争力没有有效的解决方案，那么终将有一天业务会陷入困境，这只不过是时间问题”。

我们才知道，韦尔奇要的是“数一数二”，要具有长期竞争力的企业持续发展产业支柱，而不是企业用来宣传的主题。

行业内转型物流、旅游和商业等蔚然成风，但不知有多少公路客运企业有着“数一数二”的战略高度来谋划和落实多元化发展，或许更多只是跟个风，求得一时的宽心和释然，客运不行了，物流、旅游、商业肯定行。如此，就掉入了多元化的陷阱。

## 二、多元化陷阱让转型止步不前

### 1. 陷阱之定位陷阱

随着 1997 年史玉柱的巨人集团的倒下,"多元化"陷阱第一次被认真地提出来了。其中,颇赞同魏杰的观点是,多元化要有两个前提:一是企业的主业发展到了一个非常高的程度,市场占有率、技术水平和管理水平都无懈可击;二是进入的领域必是优势所在。

公路客运企业参差不齐,大的企业已经发展到了上至点,公路客运本身的产业发展空间所剩无几,在这种情况下,多元化是必然。

更多的公路客运企业偏于一隅,谈及市场占有率,也只是一个很小区域的市场占有率,很难谈及所谓的技术和管理水平。因此,对这类企业而言,多元化未必是最有效的转型之路。做好与其他运输方式的差异化定位,定位于综合运输体系中最前和"最后一公里"的服务功能,确立"小而精"的发展战略和策略是持续之道。

但对于大而强的公路客运企业而言,首先存在的一个陷阱就是定位,其关键在于一定不要在公路客运企业的"名头"下发展多元化,如此,多元化成功的希望甚是渺茫。如果不只是想当一个客运企业,那就必须起一个新名字,一个"不是客运企业的名字"。

开头提及的灰狗公司想发展金融公司的产业发展能力,但州际公路上连续穿梭的带有灰狗标准的客车,则让人们始终认为灰狗只是长途客运公司,是做不好金融服务的。人的心智都是相同的,想必在国内也是如此。

其次,进入的领域定位一定是优势领域。以进入物流为例,不

是简单的泛泛而谈。物流市场已经高度细分，进入之前，必须科学分析协同优势所在，精准定位细分市场。如果不管不顾，为了发展物流而物流，急着铺摊子，拼命往里扔钱，结果可能会被套死，付出惨痛的代价。同时，也无法发展出"数一数二"的发展成果，无法成为转型的产业支柱，这种多元化也就没有实际意义。

2. 陷阱之管理陷阱

公路客运行业的传统是资源型的，非完全市场化的，因此，造就了管理体制的高度层级化和官僚化，这是企业管理和行业特性的自适应，也是最适合之前阶段特点的一种管理体制和机制。

但这并不代表适应就是好的。评价一种管理体制和机制，还是需要用投入产出率来评价，即人、财、物等资源投进去，利用一种生产方式、管理体制和机制所最终产出价值，通过产出价值的多少来评价这种管理体制和机制的优劣。

纵观整个公路客运行业，目前的管理体制和机制对生产力还是有很大限制，对生产要素还是存在很大浪费，挖潜空间巨大。所以，转型的同时，挖潜其实更为现实和重要，挖出更多的钱，才能更好地支撑转型。

我国市场经济发展到今天这个程度，寻找并进入一个行政许可的相对垄断的行业是有难度的。所以，公路客运企业转型都是进入有未来发展潜力的完全市场竞争行业，这种行业特点自然要求完全市场化的管理体制和机制。如果继续沿用公路客运行业的管理体制和机制，就如冯仑那句名言："从不换衣服，肉也长不起来。"要转型完全市场竞争型行业，真是要把管理体制和机制的衣服换了再说。

这里所理解的市场化管理体制和机制,就是要全面从人性本能的自私和趋利角度来设计,只有符合人性特点才能发挥每一个个体价值的最大化,同时,最大限度地确保个人利益和企业利益的趋同和一致。

3. 陷阱之人才陷阱

多元化转型过程中,人才来源通常是两个渠道,一是自身转化,另一个是外来引进。

1)自身转化

不同行业属性之间人才特质方面存在着差异,尤其是公路客运人才的职业化和专业化方面与市场化行业之间有着较大差距。但事实也证明,自身转化成功的案例不在少数。其实,做管理、做事业的方法是相通的,关键是客运人才是否有正确的价值观,是否主动自愿,是否将心注入新的事业平台,如是,自身转化则是最好的人才渠道。

2)外来引进

外来的和尚好念经。转型的初期,一个新产业刚开始进入的时候,管理后台体系尚未建立,外来引进人才尤其显得至关重要。对于外来引进的考量,除了经济绩效之外,重点还应关注团队规模、梯队和成熟度,要防止只有个人、没有团队,那么,企业是不可持续的;还应该有相对成熟的企业管理体系,要将所有的发展资源逐步沉淀在企业中,要防止资源长期落在个人手上。

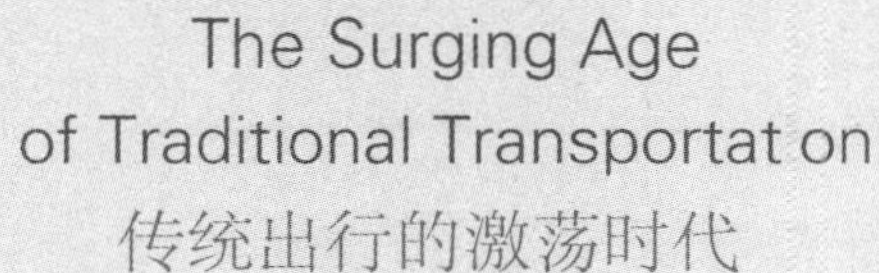


第三章

# 行 业 理 想

# 公路客运行业能出一个海航吗？

在外部环境剧烈变化的当今，几近全行业对未来都处于恐慌状态。但作为行业主体的公路客运企业不外乎有三类：第一类为身体力行者；第二类为坐壁上观者；第三类为莫名其妙者。

第一类公司大体能做到把握机遇、以变求生。第二类、第三类公司往往不是苟延残喘、度日如年，就是难以摆脱灰飞烟灭的厄运。根据行业判断，2016 年已有三分之一的公路客运企业进入亏损状态，“十三五”的后半期这一比例将超过二分之一。

## 一、对标海航

不同类别的公路客运企业选择什么企业作为自己的对标企业？毫无疑问，第二类、第三类企业要将行业的第一类企业作为自己的对标企业，强化对标管理，通过学习第一类企业的先进经验来改善自身的不足，并赶超标杆企业。

那么，第一类的公路客运企业呢？第一类一流的企业要对标海航集团，一个同样是运输企业起家的世界 500 强企业。

海航集团，成立于 1993 年，以成功首航为起始，用了 20 多年的时间创造了商业史上的奇迹，成功实现了从传统航空运输企业向巨型企业集团的转型，产业主要包括海航科技物流，海航旅业（含行、住、游、吃），海航资本和海航实业等。继2015年首度登榜世界500强，2016年海航集团以营业收入295.6亿美元坐稳世界500强，排名较上年上升111名，位列第353位。

海航集团的成功在于对发展极限的不断突破，无论是市场规模、市场结构，还是组织治理、企业价值观。海航进入的航空客运、物流、旅业、金融等行业均是大行业，有着无限发展空间，且均是市场高度竞争的行业，这让海航集团有着巨大的增长空间；同时，为适应现代服务综合运营商的战略定位和产业多元化的发展战略，海航集团不断进行组织变革，创立了独特的经营和管控机制，尤其是把社会、他人、自身利益融为一体，创造了崭新管理模式和企业价值观。

第一类公路客运企业能否从传统的道路运输企业成功转型成为现代服务综合运营商，而不是局限于所谓的道路运输行业？这完全取决于我们的一流的第一类企业能否突破增长的极限。

## 二、突破极限

一是通过行业市场化改革推动市场规模和结构的极限突破。

国家层面连续出台四个促进道路客运改革和发展的文件，其中，重点强调除农村客运外道路客运行业的非公共服务属性，进一步推动公路客运行业的市场化改革。

由此，我们可以看到一个行业趋向，就是公路客运市场组织方式将开始出现质的变化，市场结构将趋于竞争。其实，企业的增长空间是由市场的开放程度决定的,自由竞争越是激烈,越有利于企业扩张,那么,上述第一类企业的增长空间就会越大。

可以预见,“十三五”期间公路客运行业将会进入市场资源整合的黄金时期,第一类企业,尤其是一些上市公司将进一步通过资产重组、收购兼并方式来扩展业务增长空间。

二是通过多元化转型推动组织结构极限突破。

以中国道路运输行业百强诚信企业为样本,公路客运企业以客运为主业的同时,主要向现代物流和现代旅游转型,部分企业还进军到商业地产等产业。这些产业如上所述都是大行业,但也必须认识到,现代物流、现代旅游等产业是一个成熟的、完全自由竞争的市场,有着与公路客运完全不一样的行业规律和运作法则。

发展环境变了,产业多元化了,我们的组织必须变。任何一家成功的企业,都经历了很多的组织变革,这对于企业增长至关重要。就如冯仑所比喻的,“先做衣服,后长肉”。

但在行业内,大多数企业还是在客运产业的组织架构和机制下来发展多元化产业,但在这种情况下,会出现如冯仑所讲的,“从不换衣服,肉也长不起来”,或者“肉长起来了,但让衣服把肉给勒死了”。

纵观百强企业,宜昌交运采用事业部制的组织架构,成立道路客运事业部、旅游客运事业部和汽车营销事业部等,因而产业发展更加灵活,更具专业化发展,适应了宜昌交运扩展和业务多元化要求。粤运交通在组织架构上设置了客运管理部、物流与服务管理部,其组织结构变革适应了其出行产业、现代物流和资源开发等产业特性,确保能够用各自产业规律来发展相应产业。2015 年其公开数据显示,营业收入达到 87 亿元,净利润 2.66 亿元。

# 论公路客运一体化服务网络的重要性

《谁说大象不能跳舞》一书中描述，郭士纳临危受命于IBM时，作了四个关键性决策，分别是：保持公司的完整性、根本改变公司的经济模式、再造商业模式、出售生产不足的资产，以筹集资金。

这四个关键性决策，对当下的公路客运企业极为适用。公路客运企业到了根本改变站到站的班线生产模式，快速建立门到门的运输生产模式的时候了；是到了实施瘦身计划，降低运营成本，同时快速提高生产资源利用效率的时候了。

在二十世纪九十年代左右，电脑产业市场出现分割的电脑产业，电脑产业竞争对手一下子从过去的少数几个演变成了数百个乃至数千个，其中大部分竞争对手只销售单一的和一小部分电脑产品。行业普遍认为IBM需要分割成几个独立的事业部。

但郭士纳将保持公司完整性放在第一位，并作为其上任后的第一个战略决策。因为他认识到，当时的IBM公司的规模和它在全球的广泛分布是公司的独特竞争优势。

过去全国公路客运网络是一个整体，都是省公司的体制，国家层面还有一个实体叫中国汽车运输总公司。后来，经济体制改革大潮下,“有路大家行车”深入人心,各个省的完整体制也开始分割,割裂为地级公司,地级公司分裂为县级公司等。原来的一体化业务网络瓦解掉,有的只是你来我往的关系网络。

在传统站到站的模式下,每一个地方的企业抱着自己的客运站相对垄断经营,经历了辉煌十年,但当下,客运站在道路客运行业所发挥的作用将越来越弱,不再是唯一的核心竞争要素。

因为我们进入了新出行时代。新出行时代讲求的是出行便捷自由,不再限制于站到站,讲求的是统一的服务标准和品质,讲求的是服务网络、到哪里都要得到可预见性的服务,讲求的是一键就可以解决所有问题。

这个时候网络的作用很重要,尤其是全国一体化的服务网络就更加重要。否则,公路客运行业难以参与到新出行时代的竞争中。

滴滴出行的春运业务量 2018 年比 2016 年多了 16 倍多,其城际拼车业务量据称也是每天百万级。“滴滴”构建的清晰商业运营模式,形成统一标准的服务产品和客服体系,能够在全国服务网络快速扩展,进而能够提供全国统一品质的服务。这种能力是需要行业学习并迅速纳入行业整体发展战略的。

公路客运每个地区企业鸡头文化严重,大多都正在或者希望打造自己所谓标准和体系。但现在市场已经不是过去封闭的站到站出行需求,这种各自为战的方式只能贻误转型发展的战略机遇。

更多的情况是,还没有做成样子,就被各个击破,沦为互联网企业的打工仔。即使局部做得再好,可以判断,很快就会被全网型的独角兽瞬间侵蚀,因为它们有资本可以砸钱,有流量可以倾销。

全网型独角兽企业对传统企业更多的是一种贪婪和傲慢，既垂涎于客运企业优质的资源要素，如饿狼般一样饥渴，又对客运企业传统一套发展模式和做法不屑一顾。出行领域如此，旅游领域也如此。

道路客运行业转型出行也好，旅游也好，物流也好，做好本地市场，是为了实现初级目标，即提高客运资源的利用效率，减少资源闲置。

但真正要参与到全新的业态，网约出行、旅游和物流，都需要全行业的客运企业联合起来，将资源聚集起来，建设统一的网络平台，制定和执行统一的服务产品标准和服务体系，提高在各个新型业态中的整体话语权和议价能力，如此，道路客运行业才能实现真正的主动转型。

否则，不形成网络，就永远只是别人的棋盘上的棋子；甚至更惨，人为刀俎，我为鱼肉。自己强大，一起强大，才是真正的强大。是时候用共同的行动来证明道路客运行业的强大了。

## 让公路客运行业的突围从联盟合作开始

香港的张五常教授认为，中国经济的发展整个就是区域激烈竞争的产物。这种状态客观上造成了资源区域性分割，相互以邻为壑，楚汉分明。任何行业也逃脱不了这个格局，公路客运行业也如此。

举个例子，湖南省每一个地市都有一个由地方国有企业演变而成的客运企业。除了永州和湘西两地市，其余地市客运企业都完成了改制。除了龙骧集团的资产规模达到二十亿元左右，其余地市客运公司资产规模均不超过十亿元，近一半不超过五亿元。全国除了山西、海南、广东、重庆等省、直辖市之外，其余省（自治区、直辖市）与湖南如出一辙。

这种区域分裂发展的格局似乎将通过全国合作联盟方式被打破，这是因为：

一是“互联网 + 客运”催生基于技术和交易平台的合作联盟。当我们进入移动互联网时代，客运行业正主动或者被动发生着剧烈的变化，传统割裂的格局必将被打破，传统利益结构也将被急剧洗牌，利益在新的游戏规则下重新进行分配。“互联网 + 客运”将会催生基于互联网技术和交易平台的合作联盟，通过统一的技术和交易平台实现公路客运的网络化运作。

二是转型发展催生基于资源和市场共享的合作联盟。在当今行业大幅下行的趋势下，转型已是迫在眉睫。行业内高度认同和实践的是转型物流和旅游，但这两个行业都有客运行业本身非常不适应的两个共同特征：一是高度市场化，二是产业无边界。

高度市场化就是资源不是政府通过许可就可以给的，市场不是政府帮站台就可以赢的。一切的一切都是需要到市场中去挤抢。面对这种行业，传统客运人就会本能地不适应，思维和行动就会迟缓。

产业无边界就是行业没有地域边界的。旅游是要“带人出去”和“接人进来”，从任何角度看，都无法仅是拘泥于一地；物流尤其讲究“地网”和“天网”，全国网络型企业比地区网络型企业更有成本和服务方面的竞争力，没有服务网络的企业更是无法比拟。

因此，旅游和物流等转型需要共享资源以实现共同市场，这将催生全国范围内专项的合作和联盟发展。

2016 年 12 月，西安包括省汽车客运站等在内的 7 个客运站组建了西安旅游集散中心联盟，旨在共同挖掘和整合旅游资源，共享旅游线路产品。如今，广大游客在集散中心联盟的任意一家客运站，都可购买其他客运站的旅游线路产品，出行更加便捷。

就旅游发展而言，全国可形成客运行业旅游发展联盟，建立在线旅游平台、旅游景点、集散中心、旅游用车、宾馆住宿、旅游商品和票务代理等方面的合作联盟，统一旅游联盟品牌、线上旅游平台和旅游服务标准，建立信息互通、产品互联、营销互动、资源共享、客源互送的全网运作机制。

就物流发展而言，全国也可形成客运行业物流发展联盟，构建一张“地网”和一张“天网”，搭建全国客运企业货运场站连锁化经营平台，建设全国干线运输网络和城市末端运输网络，同时，建立全国物流服服务信息系统平台，将各地物流资源聚集到“天网”里，共同对接全国物流服务需求。

行业联盟发展应该具备的三个方面如下。

## 一、志同道合

将商业利益作为唯一标准来评判行业内的转型和创新行为，对于一些新生事物的合作和联盟存在或多或少的抵触。这种观点无可厚非，但似乎相对狭隘。

事实是，行业内有那么一群企业和企业家是胸怀理想并知行合一的，通过大量的改革和创新，致力于推动道路运输行业振兴和突围。他们敢为天下先，将自己对行业的思考转化为创新成果，并将这种创新的成果推广到行业，为行业的转型升级提供解决方案。

因此，还真不能用自己所谓的标准来衡量和评判行业里的企业。西部某大型国有客运企业领导总结其成功的两大秘诀：一是谦虚谨慎，二是保持激情。这才是每一个行内人对自己的起码要求。如此，对于行业内新生事物和创新之举，才会有更大的认同和包容。

行业内对于很多的转型和创新，定制客运、网约车、旅游转型、物流转型等，趋之若鹜，但行业之怪现象在于回去还是各干各的，很少有大的布局和实质推动。

在本章第一篇文章中我们谈到，客运企业可分三类。第三类企业偏于一隅,或是得过且过,或是不知所措。这两种状态反映出这类企业的文化和价值观的落后,最大限度限制了自身的创新发展。此外,我们曾经预判2017年行业内企业要过半亏损,也说明这些企业创新和转型的“弹药”不够,完成大布局的难度较大。

以目前热聊的“互联网+客运”为例,所有客运企业都要自己去做一个APP平台,去实现一个互联网+客运的转型,值得商榷。不是每一个企业有能力且适合自己去做一个客运互联网平台,大多数企业不应采用自主战略,而应采用跟随战略。跟随有能力、有胸怀的企业去融入移动互联网,去真正意义上打破地区各自为战的格局,打通全国公路客运服务网络“任督二脉”,共同强化公路客运行业网络布局,提升公路客运行业在综合运输时代的竞争力。

如果客运行业战场转移到互联网上,依然是“信息孤岛”,依然是各自为战,可悲可叹。志同道合,就是大家的价值观相近,这一点非常重要。房地产行业里有一个叫中城联盟,门槛很高,房地产行业里的人叫它好公司大公司俱乐部,这里面重点强调的是价值观认同,不能有坏房地产企业在里面。

同样,客运行业联盟要求的企业,应该是有网络化发展意识,要主动对接和融入全国网络布局中;要有锐意改革和开拓创新的共同意识,有能力推动自身的主业升级和多元化转型。

## 二、能者多劳

上述的前两类企业中,第一类多为大型省市国有企业,第二类多为大型股份制企业,是整个客运行业里的前20%部分的企业。这两类企业往往是行业创新之源头,这和它们与生俱来的所肩负的责任和使命息息相关。

例如,第一类企业是国家创新发展战略的实践先锋者,它们有十足的能力去创新和试错,往往是走在行业的前头。例如,2017 年跃居行业百强榜眼的广东粤运交通在行业创新发展上成绩斐然,发布上线了"悦行"APP,并以此切入点培育集票务服务、小件快运、便利零售、交通资讯、旅游推荐、定制出行等为一体的服务新模式,打造"粤运交通 + 互联网"线上生态圈。

这两类企业应该扛起各类联盟的旗帜,推动全客运行业在某一领域的全国网络化布局,推动全客运行业在某一领域服务的品牌创新,推动全客运行业在某一领域集团化联合战斗。

粤运交通创新案例:小件快运可以"网上飞"。

"网上飞"是由粤运交通等广东省内大型运输企业发起的,是一家基于互联网营销和标准化运维的平台公司。它是利用客运站场、客运大巴等资源,在满足客运服务的同时延伸货运速递功能的规模化尝试,并以此构建一张遍布城市农村的仓储、运输、销售网络,再依托互联网积极拓展农村物流和农村电商,从供给侧着手,通过分享经济的方式实现农村服务的均等化,也推动传统客运行业向物流、互联网行业的转型升级。

"网上飞"充分结合小件快运高时效、高安全性、高准点性、低边际成本等核心优势,重点打造省内"计时达""当日达""迷你件"等市场稀缺产品,并提供保价、保险、签回单、代收货款等多种主流增值服务。"网上飞"在夯实"网上飞巴士速递"品牌服务的同时,还将延伸土特产销售、仓配、积分、物流金融等业务,致力打造一个面向"互联网 + 商贸流通"的 O2O 运维服务平台。

目前,“网上飞”已完成品牌构建、系统研发,实现159个站场网点、1万多台巴士接入平台及稳定运行,并完成品牌视觉识别(VI)导入,广东省内地级市覆盖率达70%。“双十一”及“双十二”成功试水农特产品电商销售,在品质和运输服务方面均得到客户的好评。“网上飞”将加快巴士速递业务拓展和纵向业务延伸,促使公司快速稳定发展。

三、结伙谋利

结盟绝不是一起结伴聊天,不是担心行业下行太快,就是抱怨行业政策太坏,抑或是搞搞年会、发发文件等。

结伙是要谋利的,没有利益存在,就会影响联盟的持续。如同企业联盟性质的浙江商会就是典型,浙江商会有一个云锋基金,是由马云和虞锋两位大佬领导的,很多浙江商会的会员就是跟着他们投资,挣了大钱。

苏锡常通四地客运企业,因为地缘相近、理念相通、人员相亲而组建发展联盟,并早在2009年就成立实体企业集团——江苏大运,实现多元化投资发展,投资涉及交通运输、信息科技、文化创意、房地产等,实现了联盟价值最大化。

客运行业旅游联盟,从结伙牟利的角度看,要设立行业旅游产业基金,通过直接股权投资、重组并购投资等方式投向具有较高成长潜力、带动效应显著的旅游及相关新兴业态项目,为全体联盟成员谋利。

对于联盟的发起人要有足够的胸怀和献身精神,涉及利益问题,首先想到的是大家的共同利益,绝不是为了谋取私利。

我们坚信，在客运行业发展关键时期，联盟将成为客运行业实现突围的重要力量，是客运企业之间横向联系、价值观认同、谋求共同利益的主要渠道。

让客运行业的突围从联盟开始，您是否愿意一起来战？

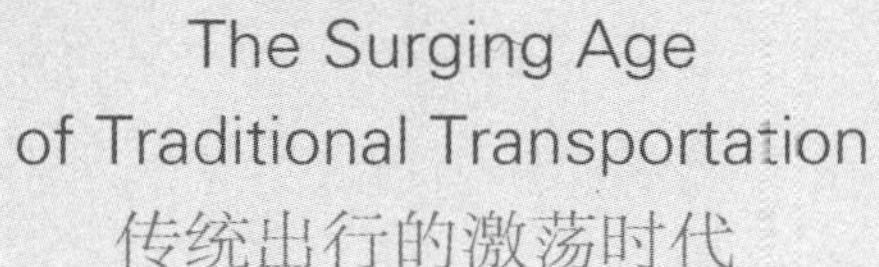

The Surging Age
of Traditional Transportation
传统出行的激荡时代

第四章

# 传统升级

# 定制客运，公路客运的未来模式

2016年12月18日，陈春花教授在北京大学首届国家发展论坛上做了《自我驱动生长》的演讲。首先，其谈到不可持续是无法持续的。大意是世界已经变化，世界变化的核心在于用户需求变了。在出行需求越来越讲求个性化和自我控制的时代，现有以供给为主导的传统班线客运本身的商业模式设计就是不可持续的。这种不可持续性预计在五年之后将会得到彻底的验证。

经济学上讲，东西可以分为“正常品”和“低档品”。“正常品”的需求变化和收入变化呈正相关关系，但不是所有东西的都是“正常品”。人们收入增加对某些东西的需求反而变少了，这种东西就是“低档品”。传统的班线客运似乎有点“低档品”的感觉。在高铁、私家车等越来越具有可选择性的情况下，收入越来越高的旅客则越不愿意乘坐传统班车出行。

那么，与其让高铁、私家车等其他方式来替代，不如公路客运企业通过自身产品创新来自我革命和自我替代。

陈春花教授面向2017年对经营环境做了如下三个判断：

第一个判断是更加互动和高效，所有的互动和高效，就会带来新机会。全国很多车站标语大致都会写上“旅客是上帝”“旅客是亲人”,诸如此类。敢问,和我们的上帝、我们的亲人,我们有没有高效互动?缺失了互动和高效,何来把握旅客需求的变化,如何赢取旅客的信任和购买?而当今旅客公路客运出行最大的需求变化是旅客尤其强调自我可控感,就是个性化、更加便捷;而更加个性化、更加便捷的核心价值要素就是要实现门到门。如果公路客运企业能够抓住这一核心价值要素,那么,新机会也就来了。

第二个判断是每一个行业、每一个商业都被重新定义,技术在所有行业中都推动了进步。互动下来发现世界变了,人们公路出行不再希望进站了,希望在家门口上车,希望在地铁口上车,希望在厂门口上车;希望能够直接送到家门口,希望能够直接送到目的地,等等。那么我们行业的政策管控以及商业运营模式是不是还是必须要求我们进站发车,要求我们的“上帝”和“亲人”必须归站上车?

原有的商业运营模式必须被重新解构并重新设计和定义。这种解构后形成的客运形态应该具备三个核心特征:第一个特征是“门到门”,第二个特征是“随客而行”,第三个特征是“互联网 + 大数据”。这就是目前各地所探索的定制客运的核心精髓。其中,互联网理念和技术在其中起到了关键性的作用。这一点以巴士管家为核心推进江苏等地的定制客运发展取得了阶段性成果。

第三个判断是共生模式改变市场格局。公路客运企业要建立基于旅客、驾驶员、企业、供应商以及延伸产业主体(例如,机场、车站做旅游延伸出来的景点等)等共生的发展模式,构建开放的运营模式和企业平台。定制客运发展一定要强调共生的模式,这是定制客运从商业模式上彻底改变了供给为主导模式，需要通过共生模式来激活组织中每一个环节和个体来尽最大的努力来满足旅客的需求。公路客运企业发展定制客运必须要进行思维再造、组织再造和营销再造，依旧用传统班线客运的老机制、老经验和老办法是完成不了升级的。

五年后，道路客运产品大致可以分为两种：第一种是传统班线客运产品将继续存在，满足一般客户基本出行需求；第二种就是解决基本出行以上层次的需求，这里称之为定制客运。“十三五”期间，公路客运企业摆脱经营困难，关键在于定制客运能否成为核心商业模式，能否在市场份额中占据一席之地。

定制客运不再是站到站，而是门到门，这是定制客运产品的基础特性；不再是等客上门，而是随客而行，这是定制客运产品的核心特性；不再是“人工 + 电话”，而是“互联网 + 大数据”，这是定制客运产品核心条件。发展定制客运，这三个特征缺一不可。当然，定制客运发展也不可能是一蹴而就的，需要遵循发展的基本规律和步骤，这里称之为定制客运三阶段发展模式，分别是多站点对多站点——多门对一点或者一点对多门——门到门。

## 一、模式一：多站点对多站点

如图 4-1 所示为多站点对多站点模式。

### 1. 运营模式

网络预约定位；集中调度分配；客户就近上点，MILK-RUN 上站或点接客，再通过 MILK-RUN 送到站或点送客，客户就近下车到家。

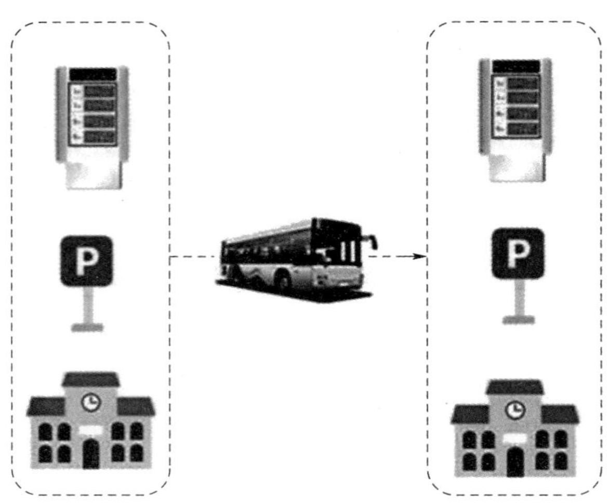

图 4-1　多站点对多站点模式

2. 模式评估

传统班线客运模式向定制客运模式转变过程,是定制客运的雏形。这种模式更加接近门,但由于没有真正一端到门或者两端到门,未实现客户价值的最大化,对于选点要求较高,需要进行大规模的市场调查。

## 二、模式二:多门对一点或一点对多门

如图 4-2 所示为多门对一点或者一点对多门示意图。

1. 运营模式

网络预约定位;集中调度分配;MILK-RUN 上门接客,再集中送站和点;集中接客,再通过 MILK-RUN 送客到门。

2. 适用场景

机场接送机、景点定点接送、车站(高铁站、汽车站等)定点接送。

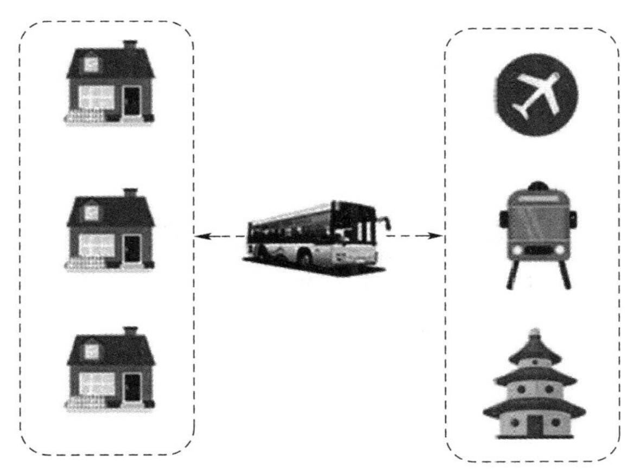

图 4-2　多门对一点或者一点对多门

3. 模式评估

（1）高价值。区别于一般需求的高品质、高附加值服务，能够延伸多种增值服务，例如，机场、高铁站等接送延伸的票务代理业务，景点定点接送延伸的门票代理业务等。

（2）高利润。区别一般需求实行差别定价，目的地或者出发地一侧为一站或一点，集聚速度较快，集聚成效容易显现，利润总体相对可观。

## 三、模式三：门到门

如图 4-3 所示为多门对多门的模式。

1. 运营模式

网络预约定位；集中调度分配；MILK-RUN 上门接客，再通过 MILK-RUN 送客到门。

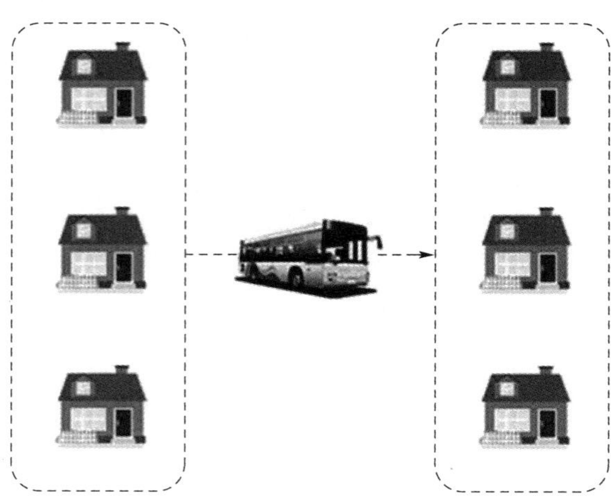

图 4-3　多门对多门的模式

2. 模式评估

这一模式运营成本最高,需要依托第一阶段模式进行储备和转化基础量,以消化初始成本。该模式没有较大客户基础量,是无法支撑这一模式的持续运转的。另外,对于信息技术和组织能力要求最高,要在第一阶段模式和第二阶段模式不断试错的基础上形成成熟的信息分析技术能力和网络调度能力以及扁平化的运营组织能力。

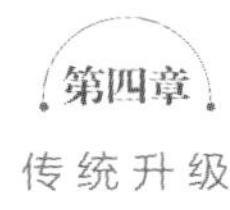



# 移动互联网下半场的市场主导者

移动互联网人口从无到有，到现在已经有八年多时间。而过去五六年时间是一个流量红利的时代，产生了很多、很大的机会。正如周鸿祎在其新作《智能主义：未来商业与社会的新生态》中预言，移动互联网将进入一个新的发展阶段，出现的一个分支是O2O，因为互联网会改变很多行业之间的连接关系，很多行业也就会被互联网改造。

所有的O2O行业都必须把服务放到最根本的位置，进入精耕细作的时代，这就是所谓的移动互联网下半场。决定下半场胜败的不是流量，而是任何行业存在的最本真的价值：服务。

适应旅客消费升级的新形势新要求，依托互联网和IT技术（要靠互联网、靠IT技术为公路客运出行的各个环节提升体验、提高效率、降低成本）满足旅客出行的个性化需求的新型公路客运出行服务产品和业态，称之为定制客运，是公路客运企业仍要继续坚持公路客运主业的唯一出路。

据官方权威统计数据显示，自2013年以来全国公路客运量和周转量连续四年下降，且呈快速下降趋势。公路客运行业将出现供给远大于需求的状态，势必要做好供给侧改革，去产能。运输层面可以进行“大改小”“班车改包车”等改革，场站层面可以进行“站转商”“站转游”等改革。

沉舟侧畔千帆过，病树前头万木春。更重要的是，我们需要全押定制客运发展来适应旅客消费升级的需要和个性化出行需求。传统的公路班线客运出行模式因为不适应竞争环境和发展需求，逐步没落已成定局，但新型的公路定制客运出行模式将会给公路客运企业带来新的发展机遇。

一、谁的决心大，谁就能抢占先机

2017 年 1 月 14 日，在万达 2016 年年度工作会议上，开头王健林就浓墨重彩地总结：“在地产火热的 2016 年，集团大胆调减 600 亿元地产收入目标，坚决实施企业转型，在中国除了万达，没有别的企业能做到。”

大胆调减 600 亿！

公路客运行业还没有企业可以做到。既然客运出行存量已预见不保，为什么不用好这即将消失的客运出行存量来换取一个新的世界？是否可以将客运存量来一个大数据分析，将不同群体归类到马斯洛需求层次理论的不同层次；要用互联网和人工智能来提高出行的便捷性，让那些能够接受互联网的群体全都到线上；要用服务能力和差异化服务来提高出行的舒适性，让那些想用脚投票的都把脚收回去。

实现上述目标，公路客运企业要重新配置资源结构，这真需要王健林式的决心和行动力。公路客运企业是否可以大胆调减传统客运出行模式的收入目标？是否可以降低班线密度，通过传统班线客运模式仅是满足马斯洛需求层次中最底层需求的旅客群体，而最底层需求层次以上的旅客群体可通过定制客运服务能力的提升来满足，以此将旅客倒逼到定制客运业态。

这一大胆的“一增一减”，是一个面、一个圈的全面推进。也只有一个面、一个圈的格局和速度才能形成燎原之势。门到门，随客而行，创造的是一个新世界。在这个新世界，公路客运企业将继续是市场主导者。

## 二、没有服务，谈何公路“客运＋互联网”

公路客运面临的情况是，之前基本靠“用户红利”，尤其是东部经济发达地区，靠的是粗放增长，现在用户红利在消失，我们需要真正去围绕旅客需求而创新，真正通过精耕细作来服务好旅客。这是在移动互联网的下半场必须要做好的。

但整个公路客运行业的服务到底如何呢？“服务的本质需求还没被行业充分利用，服务在企业思想上还没有根本被认识”。

我们一再说公路客运企业大多有着几十年的历史，有良好的资信背景，但背景可靠不等于服务可靠，背景良好不等于服务优质。公路客运企业在移动互联网上半场失利，被滴滴等互联网企业在城际出行市场暗地打劫，并有蓄谋发起全面正规打劫之势。

2017 年春运开始，滴滴跨城顺风车发起“空座共享计划”，在春运首个 10 天内，累计送 225 万乘客返乡，超过了滴滴顺风车在去年整个春运期间 190 万的运送人次数。这种所谓的新兴的共享出行方式，省去了前往及离开车站的时间和费用，更加符合消费需求趋向。或许不久，滴滴跨城顺风车、跨城专车等都将得到行业政策的松绑。

在移动互联网下半场，公路客运企业在主业上突围，只剩下依托互联网技术发展定制客运，除了通过技术和系统的迭代更新以创造更好的用户体验外，更重要的是线下服务。

线下服务，首先要有车源保障。无论是五座的，还是七座的，线上接单后能够在可控的时间内调度到车辆在约定时间内到达旅客出发地。十几辆车来做一条线的所谓的定制客运，没有一个充足的车辆池，是无法满足定制客运随车而行的需求特征的，无法积累良好的用户体验口碑，也就无法实现用户的积累。

运力跟上了，调度完善了，运输服务能力基本具备了，就要强调现场服务了，下车开车门、干净整洁的车况、纸巾、矿泉水、Wi-Fi等才会有意义，这种服务是无止境的，最高的境界是无痕迹的，即所谓的无痕化服务，让高品质的服务成为每一个服务接触面的自然而然的行为。

## 城际拼车，还是要按“小”了做

最早的城际网约车起源于滴滴在2015年中秋和国庆双节期间上线的跨城顺风车，最早只能顺带一个人。同年，11月25日携程投资的嘀嗒拼车上线城际拼车业务，也只是一辆车提供一个订单。

这是典型的共享经济的模式，完全符合“共享经济”鼻祖罗宾蔡斯女士提出的共享经济的公式：产能过剩 + 共享平台 + 人人参与。

城际顺风车是利用别人用不上、闲置的空位，进而提高了车辆资源的使用效率。滴滴等共享平台将海量车辆闲置资源（空位）与城际出行需求进行匹配，使得供给方和需求方等人人都参与其中，实现了帕累托改进。最重要的是共享平台通过自身的信誉来向参与双方提供相应的保证，这是共享经济的核心。

在滴滴顺风车之前，大量黑车就在从事这样的服务，只是没有服务标准和约束机制，更没有一个平台提供信誉背书；巡游和固定点等客的方式使得效率也相对较低。但城际黑车与城际顺风车的不同在于其所使用的车辆资源不是剩余资源，而是使用专门的车从事城际拼车服务。这就是经常可以在机场、火车站、地铁站等不时可以看见的各种出行吆喝。

滴滴等顺风车和黑车从商业模式上是C2C。这种C2C模式在对运营管控和质量控制上存在天然硬伤。相对于同城约车而言，城际网约车的运营和质量更不容易控制。当然，相对城际网约车，黑车更是无从谈起所谓标准服务和质量了。对于平台还存在的问题是，平台一旦要实现赢利，参与到供需主体的价值或者说利益分享的话，这种所谓生态的脆弱性逐渐地暴露出来。

公路客运企业受到滴滴等城际顺风车的野蛮抢占。根据滴滴官方数据发布，2017年春节滴滴城际顺风车累计共运送420万人次，相当于在铁路既定运力的基础上，增开1909列绿皮火车或者5874列八节动车组，这又相当于多少辆客运大巴？同时，滴滴发布，预约节后返程的订单出行距离大部分在300km以内，最多的分布在100～200km区间，占比达23.1%。这也正是公路班线客运的最佳经济运距。

为什么滴滴城际顺风车等受到老百姓的广泛接受？还在于便利和经济，可以到门接送，较其他城际公共交通的性价比更高，还在于公共平台信用支撑，还有那种人人参与的期待和惊喜感。

滴滴等互联网企业是传统公路客运行业的颠覆者，也是传统客运企业最好的老师。一些企业创造性提出定制客运的概念，开始实践利用移动互联网技术和更加丰富多元专业车辆，为具有更高出行质量需求的旅客提供门到门的出行服务。

全行业已充分认识到城际拼车是道路客运企业受到高铁、网约车等全面辗轧需要转型求未来的唯一出路。全国各省的城际拼车平台和城际拼车线路如雨后春笋般发展起来。

2016 年 5 月 1 日，山东省首家互联网城际约车平台——“好运约车”上线，首条城际约车客运线路济南至聊城线也正式上线运营。

苏汽集团于 2016 年 8 月 18 日率先依托巴士管家平台在江苏省开通城际拼车服务，首开苏州至常熟城际拼车线路，并在三个月后实现了苏州至下辖区县市的全覆盖。

如今，电话、APP 或微信等方式下单，就可以实现从一个城市到另一个城市的任意目的地。这已成为公路客运行业流行的话题。

那么，公路客运企业做城际拼车，到底是按“小”了做，还是按“大”了做。我们认为还是按小了做，更符合绝大多数公路客运企业的实际情况。

## 一、小场景

由于要实现门到门，城际拼车需要采用循环接送客的方式来完成任务。如此，两端城市的循环接送客运在整个服务过程中的成本占据很大比重。在没有足够的品牌营销力和服务能力（包括车辆规模、调度能力和服务水平等）的情况下，城际拼车的场景最适宜选取群体相对集中且出行频次相对高的场景，如短线通勤、机场接送、校园接送等。

短线通勤方面，最典型的是北京至廊坊之间的短线通勤。滴滴的数据显示，截至 2017 年 3 月，北京至廊坊的城际顺风车的单量较 2016 年翻了三倍以上；再比如，苏州工业园区聚集了大量的外资白领，但这些白领工作地点很大比例在上海、常熟、昆山、太仓等地区外资企业工作。这些都是初试城际拼车最好的场景。

这些场景可以满足的两个条件，即上述讲的群体相对集中以及出行频次高，可以尽可能降低两端成本的占比，保证城际拼车在最短时间内实现财务平衡，甚至实现盈利。

## 二、小模式

对于公路客运行业而言，本身就是专业运输企业，最好采用的模式是 B2C 的模式，可以一条线作为一个小 B，当然也可以一个小区域作为一个小 B，我们称之为小模式。随着出行量的积聚和模式的固化，所谓的定制拼车也会最终走向班线的路，可以充分发挥专业公路客运企业在成本控制和运营效率上的优势，实现利润的最大化。当然，与传统班线存在的很大的差别在于服务的时间、地点、质量等都发生了质的变化，最大的质变是能够为客户提供更好、更标准化的服务。

## 三、小载体

城际拼车市场是一个本地市场，这是一个非常接地气的市场。不同的本地市场都有着各自适合城际拼车的不同的场景。因此，公路客运企业在发展城际拼车的时候可以根据自身的条件采用一个小载体，即用各家的微信公众号进行深度开发一个城际拼车的载体。虽然相对 APP 性能和流畅度不如，但对于单体的公路客运企业而言，公众号的功能和性能都已经够用。

当然这种载体方式只适用于单体企业或者起步阶段。但如果是做全国或大区域性（省级以上）的专业城际拼车平台，或者当订单数、线路不断增多的情况下，微信这种小载体还是需要对接大平台，例如，行业内领先的巴士管家等。

四、小服务

很多公路客运企业在尝试拼车服务时，遇到的最大的问题就是服务品质的控制，目前普遍是所谓的复购率偏低。相对传统班线客运而言，城际拼车与旅客的接触面扩大，例如，需要提前预订、确定具体上下地点、驾驶员和旅客距离缩短等。

城际拼车尤其是要注意到服务的小细节，驾驶员是不是统一了工作服，是不是穿戴整齐？是不是能够准时到达接客地点？如果不能准时，是不是提前预告旅客，以求得谅解？是不是统一规定帮助旅客开门？接到客人是不是问好？至少刚见面的时候是不是保持笑容？是不是对旅客到达后有一个回访？等等。

先不说如何高端的路径优化技术可以确保每一单都可以及时达到，先把上面这些所谓的小服务做好，或许也是成功一大半了。

五、小团队

城际拼车是客户为中心导向的，团队都是围绕一个客户目标而开展工作，即客户需求和客户满意度，这种情况下更加适合小兵团作战的方式，每一个小兵团负责和解决客户目标中每一个子目标。

城际拼车不适应层级制的大团队作战，因为这种方式对客户响应存在组织延迟，市场需求及变化的敏感度层层减弱。此外，小团队作战更能体现绩效主义，能够将团队中每一位成员潜力激发和彰显出来。

可以讲,一个专业的、小型化和精准化的城际拼车执行团队将是公路客运企业转型城际拼车成功最为决定性的因素。

按小了做,是为了在最短的时间内实现财务平衡,是为了聚焦一个点快速形成可复制的发展经验。按小了做的最终目标还是为了往大了做,真正让城际拼车成为公路客运企业班线客运主流产品的可替代产品,实现企业的可持续发展。

# 客运末端接送，破局的新角力点

移动互联网时代一个重要的特征就是话语权从企业转移到消费者手中。客户“用脚投票”是市场机制中最重要的法宝。

公路客运行业每年百分之十左右客流的下降，正是这一机制在发挥作用，说明相对于其他竞争方式，在一定范围内、一定的服务群体中，公路客运对旅客所创造的价值要相对少，这完全是一种市场优胜劣汰的现象。

但事实上，公路客运的竞争力不能一概而论，或许在不同的出行目的群体里所反映的竞争力是不一样。所谓竞争力，归根结底是能够吸引客户的价值的提供能力。因此，只要能够抓住客户的心，或者一个细分市场客户的心，那就是具备竞争力的。

因此，公路客运企业必须基于旅客的应用情景，找到旅客的痛点和潜在需求，利用互联网技术、运输组织技术等，更高效地满足旅客的需求，真正为旅客创造价值。

旅客的应用情景可以基于旅客出行目的而划分，大致可以区分为旅游、探亲、访友、出差、通勤以及其他等。从城际出行链的视角看，典型的分段可以定义为出发城市出行、城际出行和终点城市出行。

有调研统计显示，旅游、探亲和访友等出行目的旅客对于出行时间要求较为宽松，即对时间的敏感性较低，因此，对于起讫城市的城内链接交通的选择性更强，一般会更选择地铁、公交和出租车等公共交通方式，而通勤、出差等目的旅客非计划性活动较少，更加倾向于“门到门”客运服务方式，对出行便捷性要求较高。另外，出差等旅客由于公费性质出差，对费用考虑较少。

数据还显示，城际出行有近50%的时间消耗在城市内部，进而引发大量的车流和人流聚集在枢纽周边区域，具有高危险性。同时，达到终点城市后对出行时间和换乘次数的要求较出发城市要宽松。这就意味着，在城际出行链中，旅客的痛点其实是在起讫城市出行。此外，出行链价值重点更偏向于出发城市，出发城市的便捷和时效是旅客出行痛点中更大的痛点。

因此，如果能够延伸出旅客接送服务，提供便捷高效的解决方案和服务产品，那么，就能够给旅客带来更多的价值。即使不提供城市出行这一段服务，交由高铁等来具体完成，但我们仍是旅客出行全程组织者。

谁是出行链的组织者，谁就占据出行产业链的最顶端。那就从最前“最后一公里”开始。

## 一、得末端者，得天下

城际出行大局，公路、铁路、航空等，似乎已必定是高铁为王了。公路客运行业想要破此局或已无回天之力。但基于出行链的活动细分的角度看，或许可发掘破局的新角力点，这就是客运末端接送。

为什么客运末端接送是可探讨的新角力点?

一是旅客出行第一个接触面,具备俘获旅客心的第一次机会,可谓占尽先机。第一接触面的第一次接触实在太重要,决定了能不能“忽悠”住旅客的心。原来传统客运那套服务理念和标准现在看来彻底落伍了,只是一个非常刚性的服务标准,甚至可以讲没有现代服务的内涵。

二是客运末端是旅客出行最不确定性的环节,是旅客最大痛点的环节。而公路客运企业完全发挥自身机动灵活的技术优势,完美服务于旅客最前最后一段出行,这才是真正解决了城际出行链过程中的痛点。

三是航空、高铁票务代理完全市场化,市场准入门槛低。公路客运企业完全可以代理航空和铁路票务,为成为出行链全程组织者提供了可能性。

## 二、长板再短,也是长板,并取胜于长板

讲到出行方式变革,在水网密布的江南地区,在公路没有通达八方的时期,水运是当时的主要方式,那时的班船公司十分昌盛;公路大建设以来,公路通行条件极大改善,尤其是高速公路成网,公路客运迎来了黄金十年,公路客运企业也赚得盆满钵满。如今高铁时代来临,这样的交通史是否会重演?

大势如此,但未必绝对。

将公路客运和高铁两个行业比作两只木桶,无论是现在还是未来,公路客运这只木桶是小木桶,且可能会越来越小,但高铁这

只木桶，是大木桶，且可能越来越大。

每一只木桶都有短板和长板。公路客运这只木桶，其长板再长，相对高铁这只木桶而言，其实也是短的。但从技术面上，公路客运的短板其实真的无须再补，而是要将木桶倾斜，把自身的长板的优势发挥出来，对接到高铁这只大木桶的短板，水漏出来，被公路客运这只木桶的长板所接住，就是桶中之水了。

因此，公路客运长板再短，也是长板，发挥长板优势，是公路客运在如此不可逆势的大格局下唯一的取胜之道。毕竟，大桶里漏出来一点水，小桶也就满了。从这一点来看，就公路客运企业个体而言，对未来要有充分的信心。

### 案例：完美服务短途客运“最后一公里”

2016年12月华沙在线报道，在客运行业持续低迷的大环境下，江西长运于都分公司发展却越来越好。该公司拥有营运车辆60台，主营于都至吉安等县市短途客运班线，日均班次40个、客运量达2000人次，“五一”“十一”等节假日日均客运量更是上万，车辆每天24小时都在路上跑，上座率都在八成以上。江西于都作为重要劳务输出大县，每年向广州、深圳、南昌等地输出大量劳动力，加上交通路网日益完善带来的源源不断的外地游客和学生流，形成了年均近20万的流动人口，均是通过坐汽车到火车站中转，是该公司短途客运班线的主要客源。

铁路网络完善带来持续增长的中转客流为江西长运于都分公司创造了近八成的营收。

公路客运企业将自身打造为可以持续倾斜且无限延长长板的

一只木桶，公路客运企业的长板就是末端接送的组织技术优势。公路客运企业可提供的末端接送服务可分为两种，一种是门到门直达的接送服务，另一种是门到门中转式的接送服务。

## 三、服务第一，服务第二，服务第三

任何市场都进入细分时代，不再是无所不能的时代。关于末端接送服务也要进行细分，区分群体以提供最大化的客户价值。

我们认为：门到门中转式的接送服务，此类服务更适合旅游、探亲、访友等活动目的的旅客群体；门到门直达的接送服务，此类服务更适合出差、城际通勤等活动目的旅客群体。门到门直达的接送服务其复杂程度和服务要求要远高于门到门中转接送服务。因此，我们下面主要探讨门到门直达接送服务能力建设。

起讫点末端接送服务可实现与城际出行的联程一体化运输，即完成无缝衔接，不需要中途转车或者上下，实现门到门直达。但这种方式可能适用 7 座及以下车辆运转。但实际运转过程中，由于接送点较多，加之城市交通复杂程度较高，所以，在时效等方面的服务往往会出现很大的问题，主要是不能准时接送或者拒单。

针对于此，要掌握两种意识和方法：

一是末端接送服务产品的设计不能用点线方式，而是要从整体面上来整体布局。很多企业可能会先开通一条、两条线来试点试验，但由于是投入的运力规模有限，很难满足初级阶段旅客散点式分布。

因此，末端接送服务产品要么服务覆盖整个城市末端区域，要么就不做。因为连基本服务都跟不上，旅客立马就会用脚投票。

我们需要记住的是，如今消费升级后，消费者都是“外貌协会”的，都看第一印象的。

二是末端接送服务要充分利用互联网技术支撑，全面提升客户体验。刚才讲到，末端区域道路复杂性导致门到门直达的模式出现时效方面的服务问题。公路客运企业要充分利用互联网技术和线路优化技术等实现最短路径、最快路径的线路优化，最大限度上以最高效率和最低成本来实现高服务水平。平时我们叫外卖的平台——“饿了么”等均是采用了上述技术来实现高效率运转的。

# “公路客运 +”，提供整体出行链方案

当十几年前“铁老大”还是绿皮车当道的时候，一票难求，人满为患，铁路出行实在不能称之为春运回家的首选。而当时，全国高速公路基本成网，高速公路客运成为人们出行的靓丽的风景线，但时至今日，风景线不再风光。高铁的出现和快速发展是首要原因。

我们先看几组数据：

邻近 2015 年春节，湘桂高铁线开通，2015 年桂林至南宁及柳州的公路客运量下降 90% 以上，桂林至北海和钦州公路客运班线停运。

邻近 2016 年春节，贵广高铁线开通，2016 年桂林至广州及深圳的公路客运量下降 80%，而桂林至贵阳的公路客运班线停运。

2017 年宁启高铁开通，今年南通春运首次进入动车时代，预测南通公路客运量同比下降 5.6%。但这个 5.5% 的下降幅度是在 2017 一年下降幅度基础上的再下滑。

沪昆高铁昆明至贵阳段于去年 12 月 28 日开通运营，这就意味着这条铁路在新生之初就要接受一年一度的春运大考验，但考验不仅是铁路本身，对于公路客运而言更是更加严峻的考验。据官

方预测,2017 年春运昆明市公路客运量将比去年下降 10% ~15%。

一组组的数字揭示的是,公路客运企业正遭遇来自高铁等“雪崩”式环境冲击,公路客运班线市场整体崩溃的趋势判断,绝非危言耸听。

在这种趋势判断下,公路客运企业则处在重大的战略选择机遇点,是做加法,选择 + 高铁民航,主动对接融合,积极构建大交通出行服务闭环;还是做减法,抱着“你死我活”的心态思维,选择与高铁民航等在既有市场格局中硬碰硬的竞争。

作为一个理智的公路客运人,我们认为,公路客运要做加法,而不是做减法,建立起融通和融合发展以及竞合思维才是共同发展之道,即公路客运和铁路之间的基本战略关系应该是竞争合作关系,既竞争又合作,竞争是有限竞争,而合作则是全面合作,甚至融为一体。

这是因为:

一是要遵循综合运输体系发展规律。铁路和民航客运在综合交通运输体系中是主动脉作用,公路客运与铁路和民航主动对接,实现无缝衔接,这是交通运输规律。北美最大的公路客运企业灰狗公司 Greyhound Lines 创立于 1928 年,至今近 90 年的历史,客运车辆也就 500 辆左右,与中国道路运输百强企业的任何一家都无法比拟。但我们要知道,灰狗公司是在发达完善的综合交通运输体系下的灰狗。公路客运在大交通出行闭环中整体大幅下降,这是一种回归,是交通发展规律下的必然。在趋势和规律面前,“人定胜天”的口号,是无力的。

二是发挥不同运输方式比较优势。公路客运应对铁路、民航等其他运输方式的快速发展，应采用差异化的适度竞争战略。无论铁路运输能力增幅有多大，还是满足旅客的需求程度有多高，公路客运始终存在绝对的差异化优势，这个优势就是公路客运可实现门到门，解决最先一环和最后一环出行问题。

三是共同满足旅客全过程出行链需求。旅客全过程需求已日趋形成，单一的割裂的交通出行服务已经不能满足新需求，因此，谁能最先构建起“最先一公里”＋大交通＋“最后一公里”的全过程的出行服务体系，谁就是旅客出行服务组织的主导者。

为此，公路客运企业不用患上高铁焦虑症，只需要关注旅客需求就可以，全程设计针对客户需求认知根本变化在于，客户真正的出行需求是全过程的，从门到门，客户出行需求不仅是某一种交通方式所能满足的那个需求过程。一切以旅客真正的、本质的需求为中心，只有顺应了旅客的真正的本质需求，旅客自然会回归拥抱公路客运企业。

## 一、无缝衔接，融入一体

首先，公路客运站和高铁站、机场航站楼要实现一体化。利用公路客运站这一城市的重要交通节点设立高铁站、城市航站楼，将高铁站、航站楼旅客办理流程前移，同时，为旅客提供送车、送机和接车、接机服务，为旅客从公路客运站高铁站、公路客运站城市航站楼开始就提供全程服务。公路客运站要与航站楼和高铁站形成一体化，要成为没有停机坪的航站楼、没有高铁轨道的高铁站。

其次，公路客运＋高铁客运、民航客运要实现一票制。公路客运企业要与铁路、航空实现一票制的深度合作格局，形成以高铁站、机场为核心的区域定制客运和标准客运服务产品体系，与高铁、航空干线运输服务产品体系融为一体。

2013 年东航推出“空巴通”服务，将巴士运输段录入民航销售系统全程预订销售，值得公路客运企业借鉴运用。公路客运企业要基于城市航站楼作为旅客出行第一站的角度打造城市航站楼至机场的巴士通道，提供(往返)巴士 + 航空的全过程打包服务产品。

2017 年 12 月，首汽约车、滴滴打车等接入了 12306 客户端，两平台均通过 12306 客户端首页新增加的“约车”功能接入，提供呼叫出租车、快车和专车服务。

因此，主动对接和无缝衔接不代表在对客户出行服务上是被动的，更应该是主动的，且主动承担起为旅客提供一揽子综合交通出行解决方案主力军的功能。

例如，江苏大运的巴士管家 APP 功能里不仅有汽车票销售功能，还有火车票销售功能，充分体现了江苏大运围绕满足客户整体出行需求提供一揽子出行方案的战略大格局。

## 二、全程设计，到门到家

2012 年有报道称，十六岁“快鹿”跑不过一岁高铁。1996 年“快鹿”班车与沪宁高速公路一起投入运营。当时，“快鹿”票价高于火车票价，但是因为效率高而大受欢迎。但沪宁高铁开通后，“快鹿”难言优势，客流量逐步下降。

传统客运提供的是站到站的服务，与高铁同样提供站到站服务的情况下，传统公路客运几乎无招架之力。但从全过程出行服务需求的角度看，公路客运可以提供一站式门到门服务，无须任何中转，那么，理论上讲，其竞争对象不只是高铁，而是公交或出租或地铁，甚至班线客运等+高铁+公交或出租或地铁，甚至班线客运等。无论从时效性、便捷性以及整体舒适性来看，公路客运到门到家的全程服务设计为其在综合交通运输竞争格局中发展提供了更多的想象。

为应对高铁动车连线成网、航空出行平民化等对公路客运造成的冲击，2015 年 7 月，江苏省十三个市专业客运企业组建“江苏长运定制客运服务有限公司”，通过车辆小型化、高端化以及服务的定制化，致力于“门到门”的城际定制快车业务，在江苏省十三个地区内广泛运营，为城市高端商务人士提供舒适、便捷、高效的服务。

门到门定制的发展步伐或许要速度最快，范围最广，服务最优，才能跟得上高铁上的新江苏的格局和节奏，这可是 10.72 万 $km^2$ 上“1.5 小时交通圈”的格局和节奏。

## 三、车头向下，见缝插针

城际高铁逐步成网，同时，铁路部门的灵活度在快速提升，这从我们手里的列车时刻表换得越来越勤，可见一斑，公路客运行业悲观者认为，这对公路客运企业而言是致命性的。

同向的一条城际高铁开通对于公路客运的影响不仅是单条线路上 50% 以上客运量的下降，实际整体影响会更大，因为将是一个面的影响。

但无论城际高铁网络是否形成，灵活程度有多高，铁路客运辐射能力有余，但服务深度不足，其在出行市场的空间也是有峰值的,这是铁路等其他运输方式运输经济特性决定的。

在这个峰值下仍旧存在巨大的出行市场,这个市场就是高铁等无法覆盖城乡出行和农村出行市场。

在公路客运高峰期,城际出行服务理所当然是现金牛产品,而城乡出行服务和农村出行服务往往被认为是问题产品或者瘦狗产品,这部分市场需求也被公路客运企业所忽视。公路客运企业要紧紧抓住国家新型城镇化的发展战略的重大机遇期,将城乡和农村出行服务产品打造成自身新的现金牛产品。

关于高铁的巨大冲击,我们用什么视角来看待至关重要,对公路客运行业而言,较最辉煌的行业顶峰,势必可以认为是一种行业雪崩,但也是行业发展周期的必然。

没有不好的行业,只有不好的企业。对于行业中个体的企业而言,我们认为更多的是一种新机会,尤其是对于那些志存高远的企业更是一种难得的世纪大机遇。

因为旧的体系也在打破,区域行政壁垒、行业严格管制等正发生深刻的变化,放松管制将成为行业政策核心;行业内客运资源出现深度的整合,传统客运企业的体制惯性在改变,效率也正成为组织的新能力核心;出行相关产业跨界融合和发展将必将成为发展主题。

# 从供应链的视角看商业模式创新

著名供应链管理专家马丁·克里斯多弗曾说:"市场上只有供应链没有企业","真正的竞争不是企业与企业之间的竞争,而是供应链和供应链之间的竞争"。人们通常将供应链界定为工商企业物料流通的范畴,与企业的物流系统不可分割。其实,任何企业都是存在供应链的,有上游供应商提供生产资料和服务,有下游客户购买企业的产品和服务,服务企业也不例外。这就是企业的供应链。

以神州专车为例,神州专车运营的两个基础核心要素就是车辆和驾驶员,提供这两个生产要素的称之为其上游供应商,分别由神州租车按照市场公允价格租借车辆,第三方劳务公司负责驾驶员的招聘和管理,见图4-4。

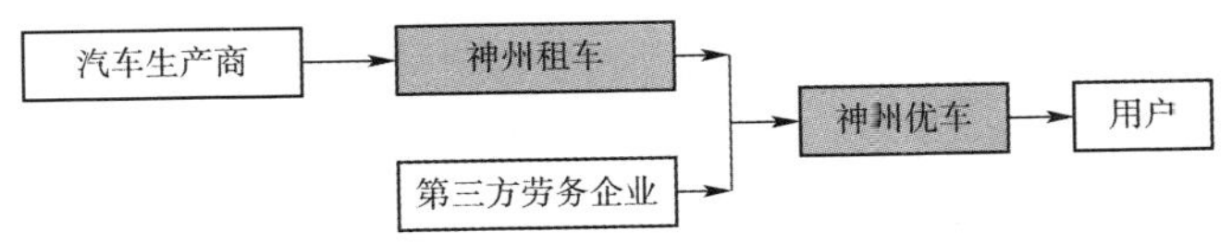


图4-4 神州专车供应链

从供应链的角度看神州专车(优车)的商业模式的优势在于三个方面:一是专业能力最强化,供应链上的各个环节各司其职,将各自专业能力发挥到极致;二是规模成本最低化,利用专业公司的规模化优势,可以实现采购价格的最低化;三是市场价值最大化,通过完全市场化的方式可以建立起最经济和最稳定的供应链关系,确保产出服务的经济性和稳定性。

传统公路客运企业的供应链很短且很单一,基本上就是买车就可以搞运输,这也是基础商业模式,见图 4-5。

图 4-5　传统客运企业供应链

公路客运企业过去的黄金十年,绝大部分原因在其他综合运输出行方式空缺给公路客运快速发展提供难得的发展机遇期。当高铁等出行方式迅速补缺到位,这种商业模式的弊端也日益暴露,在新的出行需求的趋势下,不堪一击。

这些弊端主要体现在:

一是企业商业模式中的核心资源过于集中和单一,赢利模式过于单一,某种程度上显示该商业模式是没有真正意义上的市场竞争力。

一旦出现问题,就会极其脆弱。最典型的就是江西长运,2012 年至 2014 年净利润还是增长趋势,到 2015 年直接减少了一半,但也有 7000 万多元的净利润,可到了 2016 年则直接大幅亏损近亿元,不禁让人大跌眼镜。江西长运的遭遇和困局也给整个行业敲响了警钟,变革商业模式已是迫在眉睫。

二是企业内部过于层级化,关键流程过于烦琐,某种程度上显示该商业模式对客户关注度和响应度存在较大的问题,尤其是对市场细分趋势把握能力不足。

公路客运市场最大的变化在于其细分化。旅客根据对出行需求偏好逐渐分离出不同要求,进而聚集形成了一个个的细分市场。而这种细分市场真正意义上是完全竞争的全新市场,是要靠自身的核心能力来赢取的市场,这种核心能力最需要的是通过组织再造和流程来塑造,比如,城际拼车市场、机场接送市场等。

运输企业供应链创新示意图如图4-6所示。

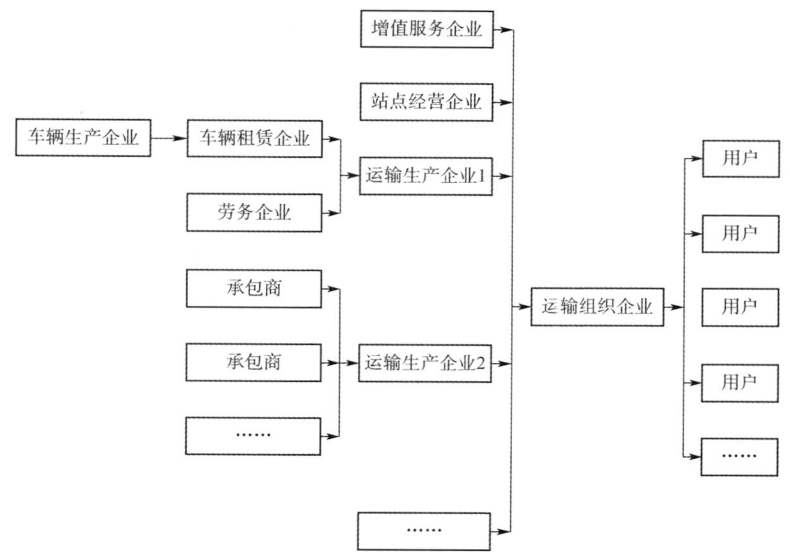


图4-6　运输企业供应链创新示意图

当前互联网时代有着太多的不可思议。UBER没有一辆出租车,当之无愧是全球最大的出租车公司;FACEBOOK没有一个内容制作人,却是全球最热门的媒体所有者;阿里巴巴没有一件商品库存却是全球市值最高的零售商;AIRBNB没有任何房产,但它是全球最大的住宿服务商。

可见,互联网时代最成功者是组织者,而不是生产者,生产者成了组织者的供应商。组织者最大的能力在于对于上下游链条的整合,因此,当今的时代,不仅是互联网时代,也是供应链时代。

在这个时代中,要么成为用数据和供应链调用和整合生产资源组织者,要么就成为被数据和供应链调用和整合生产资源的供给者。

从供应链视角看,公路客运企业内外发展趋势为:

一是责任承包经营再次成为主流。在公路客运行业黄金十年,公路客运企业的公车公营率逐年上升,高峰期东部地区企业这一比率达到80%左右。当公路客运企业下行,需要变革组织内部关系才能挖掘出更多利润空间。责任承包经营方式类似日本盛和稻夫所创举的阿米巴的经营方式,将一个大车队改革为若干小的经营单元,激发基层单元深挖利润的积极性。

二是绝大多数企业将成为供应者。"互联网+公路客运"蓬勃发展,所谓的互联网企业将逐步成为客运的组织者,公路客运企业则沦为它们的供应者,悲观点叫打工者,因为它们掌握旅客源头、掌握数据,站在了产业链的最顶端。而绝大多数传统公路客运企业无大格局谋划,仅是改良之策,沦为供应者已是必然。

创世纪的公路客运企业要真正成为行业领导者,要有断腕之心,要有割肉之心,放弃供应者的定位,舍弃即将不存的既得利益,谋划组织者之位。组织者之位,不该唯独互联网企业所在。

三是联盟不再是企业间合作的主流。用历史主义的话说,公路客运行业已经进入一个大毁灭、大创造、大沉沦、大兴亡,从而总体上大转型的时代。组织者和供应者的这种供应链关系将代替行业内所兴起的联盟关系。

联盟已经无法创造巨大的价值容量来弥补行业下行的塌陷，必然是要有企业帝国的出现来再造新的模式，这种模式就是供应链商业模式。可以预见，“一览众山小”的时代即将到来。

公路客运企业要在供应链商业模式成为组织者，成为供应链关系中的核心企业，可按照以下三步推进落地。

一是用阿米巴的方式形成内部供应链模式。公路客运生产环节中的“营销—票务—检票—车辆—调度—运输—客服”等按照价值贡献进行评估和界定，每一个部分独立出来，切分为被称为阿米巴的小型组织，每个小型组织都作为一个独立的利润中心，相互之间形成内部市场关系，进而重构成了公路客运的价值供应链。通过这种方式，将价值表现于每一个环节，并传递到每一位员工。

二是用共享平台来创新外部供应链模式。今后公路客运不再是封闭的市场，而是一个极度开放的市场，或许再次回到“有路大家行车”的市场格局。如此，公路客运企业要成为组织者，要有能力构建共享业务平台，坚持“不求所有，但求所在”的理念，要整合一切可整合的社会车辆资源和驾驶员资源，掌握这些车辆和驾驶员等供给要素的全方位的数据，并将这些数据通过分析和组织完全转化为真金白银。

三是紧跟政府管控趋势强化管理平台建设。日前公路客运行业的安全形势十分严峻，似乎成为压倒公路客运企业的最后一根稻草。政府将进一步放松市场管制，甚至全面放开，但同时会强化安全管制。如此，既能让市场起决定性作用，又能最大限度保障社会公共利益。

公路客运企业要建立内外部的供应链发展模式,其前提是必须强化企业安全管理,要将涉及安全的各要素(安全、机务、文化、人力资源等)管理形成体系化和标准化。这也将是企业供应链化的核心竞争力之一。

The Surging Age
of Traditional Transportation

传统出行的激荡时代

第五章

# 战 略 转 型

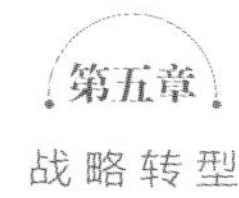



# 围绕公路客运核心能力主动变革

据统计,我国道路客运量从2012年的355亿人次断崖式下降至2015年的161.91亿人次,占出行量的比例从93%下降至82%。这不能从简单意义上说是运营主体纯竞争层面的问题,而是综合交通运输本身的规律,具有不可逆转性。

2010年至2015年公路营运载客汽车拥有量保持相对稳定,大致在85万辆,客位数大致在2100万,2012年达到最高值为86.71万辆,客位数为2166.55万,2015年降到83.93万辆,客位数为2148.58万。

2012年是道路客运业发展顶峰,假定达到需求和供给配置的最优状态,那么在2015年几乎相同的供给量下,只有一半的出行量,粗略估算,道路客运企业的车辆闲置率不低于50%;加之道路客运线路本身就有明显淡旺季,在缺少灵活多元的调整渠道和机制的情况下,运营客车的综合闲置率更是不断走高。

道路客运企业面对市场规模快速下行,甚至是达到一定时点下断崖式下行的大趋势下,企业供给端的人车资源具有一定时间内的刚性,倒逼道路客运企业在供给侧和需求侧两端都需要进行变革,尤其是要根据需求侧变化来强化供给侧改革,要去运能、调结构、降成本、补短板,重点在于解决道路客运企业传统模式下长期积累的结构性和体制机制问题。在强大的客观规律和趋势面前，一切都来得那么凶猛。对道路客运企业而言，需要的不是瞻前顾后，而是壮士断腕；需要的不是改良，而是变革；需要的不是渐进式，而是激进式。这是因为留给道路客运企业转型机会时间不多了，或许五年，甚至更短。

## 一、不理解客户就会被时代抛弃

行业内通常认为道路客运企业属于“坐商”，就是等客上门。道路客运业处于供给主导的供需格局，政府强制规定，车要进站，人要归点。因此，在传统道路客运企业看来，旅客的需求属性是单一的，其需求就是能走即可，缺少对旅客结构变化以及旅客需求变化的调查。但当经济社会进入移动互联网时代，同样作为企业的道路客运企业不理解客户，不解决客运痒点和痛点，都将被时代所遗弃。

事实也证明，越来越多的旅客正用脚投票，正在抛弃整个道路客运出行的模式，道路客运成为很多旅客最后且无奈的出行选择，大量的用户更愿意驾驶私家车、乘坐高铁等替代道路客运，这是道路客运业在过去20年没有出现任何升级所导致的现象。

从经济社会发展的演变看，道路客运客群结构将以商务和旅游出行为主。产业区域转移劳动力、探亲出行比例在下降，探亲旅客作为主力客群的地位将一去不复返，但区域经济一体化和城市圈的形成，城市之间通勤和商务往来日益频繁，商务出行将会替代这一主力地位。

2015年我国人均国内生产总值超过8000美元，居民休闲需求能力日益增强,一年多次的自由行已经成为习惯。根据交通运输部2015年京津冀交通一体化用户满意度和需求调查报告显示,京津冀地区乘坐公共交通(长途客运和长途公交等)第一出行目的是公务/商务/培训,占比35.2%;休闲/旅游出行占比30.8%。可以看出,商务和旅游是旅客出行的主要目的,特别是旅游出行非常值得关注。整体来看,道路客运出行需求层次在不断提升,不仅是走得了,关键是要走得好,这个“好”关键是便捷和舒适。

进入移动互联网时代,意味着进入了需求个性化时代,旅客出行需求也不例外。按照腾讯研究院的说法,“互联网+交通”大致可以划分为两个阶段。第一个阶段是实现城内出行,正借助于分享经济模式发展得如火如荼,如网络专车、顺风车、拼车、快车、定制公交等业务;第二个阶段是实现城际出行,随着“互联网+”城市出行快速发展,快速延伸到城际出行,自2011年开始,不论创业者还是政府皆开始推动实现需求的网络化,即联网售票。目前,苏锡常通地区客运企业网络销售(包括手机APP、微信和网站等)比例已近30%,而正是汽车票网络化销售初步完成了公路出行需求的用户教育,也使得城际出行需求向更个性化和多元化的方向延伸。

城际出行需求不再希望受制于定点、定线、定时、定班、定车等传统模式,出行便捷、高效和舒适等个性化要求更加突出,因此,陆续出现了可以更加灵活的网约车服务(网络预约和电话预约),出现了可以门到门的城际拼车服务,出现了可以更加舒适的小型乘用车服务。

城际出行需求场景更加多元化,传统道路客运服务单一的服务场景设计不能满足多场景的需求细分要求。例如,目前市场关注的商务道路客运出行、旅游道路客运出行、校园客运出行、机场和高铁道路客运出行等都有自身特殊要求。道路客运企业针对不同场景需要设计出道路客运产品特定功能以及增值服务。

## 二、转变为旅客出行方案提供服务商

道路客运企业尤其是行业领导企业已经达到了既有运营活动曲线的周边,在传统的模式下无法突破既有的生产率边界,这个边界是既定成本下运用当前最好车辆和组织技术、最高技能和管理技巧,提供公路出行服务所能给旅客创造的最大价值。因此,在这个传统模式中再去变革自己的空间已经是有限的。这就需要重新定位并引入新的要素来彻底改变传统模式,以谋求新的运营曲线或新的生产边界。这一新要素就是"互联网 +",即将"互联网 +"这一主体要素导入,快速从道路客运供给主导变革为旅客出行需求主导的运营模式,通过需求量的集聚、需求数据处理以及供给全过程透明化和共同化,来挖掘更低的生产和服务成本或创造更大的旅客出行价值,或两者兼具。简单而言,"互联网 +"可以让客运企业更接近旅客,通过大数据等实现运营模式的革命性变革,从提供标准化的旅客运输服务产品,转变为提供个性化的非标准化的旅客运输服务产品,从道路客运服务运营商转变为旅客出行方案提供服务商。这是一个完全不一样的运营模式,这是道路客运产业的一次革命。

联网售票不等于"互联网 +"道路客运。2014 年携程开始涉足汽车票销售,2015 年百度快行汽车销售票服务,2015 年 9 月阿里巴巴在深圳推出码上购票服务,正式进军汽车票业务。全国道路客运联网售票系统也将于2016年年底开始整体投入运营。行业内江苏大运以及浙江长运等企业开发运营巴士管家和巴巴快巴APP等,也取得了相当的市场份额。但这都不代表道路客运业实现了“互联网+”,因为所有这些创新和尝试均以汽车票销售为主业务,是一个汽车票分销的互联网渠道而已,所销售的产品是传统模式下供给为导向的出行服务产品,与网上售票、微信售票等无本质区别。

“互联网+”道路客运要改变的不仅是销售手段的升级,而是通过移动互联网络等信息技术来推动商业模式变革,要从先有产品再有客户转变为先有需求再有出行解决方案的转变。

首先,要将碎片化需求网络化和数据化。第一步要做到汽车票业务的网络化,通过汽车票业务形成足够基础流量。第二步是利用第一步所形成的流量,借鉴城内出行服务创新,不断聚合需求,为道路客运企业制定出行解决方案例提供大数据支撑。例如,江苏大运巴士管家推出的“一人一座,轻松上下班”的定制巴士可以“说说你的线路”,提交“出发时间”“上车地点”和“下车地点”,这为根据出行需求数据制定巴士线路提供了有力支撑。

其次,要将分散的供给实现网络化和平台化。道路客运企业的供给往往以车队为主要单位进行生产调度,客运车辆的供给是分散的,势必会造成车辆资源利用率不高等问题。第一步,要实现营运车辆的全过程透明化管理。整合车辆监控平台、联网售票系统和客运管理信息系统等,形成统一的透明化的动态运力平台。实时跟踪监控车辆物理形态(车型、座位数、动力性质等),技术状态(维修保养等),行驶状态(是否停驶、是否正常行驶、是否超速等），任务状态（任务性质是旅游包车还是班线客运、实载率、达到站点以及预计达到时间等）。第二步，要在透明化运力平台上建立统一的综合调度平台。通过统一的综合调度平台实现供需要素的连接，快速配置驾驶员和营运客车等供给要素，设计出行线路等出行服务方案。同时，对于道路客运班线生产调度计划进行二次优化，以提高投入产出效率。

最后，综合调度平台连接运力平台和需求平台（含班线客运、旅游班车、包车、定制客运等），供给和需求直接对接，减少诸多中间环节，快速响应旅客出行需求。

### 三、围绕道路客运核心能力主动变革

道路客运企业虽然可以通过差异化的战略定位调整来减缓出行量下降的规模，可以通过互联网思维和技术来变革自身商业模式，但道路客运企业还是难以承受综合交通体系完善所带来道路客运出行量断崖式的下滑，收入在急剧下降，道路客运企业的存量成本无法随着收入下降速度而减少。那么，道路客运企业要两手抓，一手抓道路客运主业的变革，另一手要通过转型来消化和转移可能闲置的生产资源，并以此打造新的增长极。

转型的方向要围绕道路客运的核心能力来确定。道路客运企业的核心能力是资信能力以及线下资源能力，两种能力如果能够很好地转化为品牌力和资本力的话，道路客运企业完全可以跳出道路客运行业，从产业链的角度看待和规划自身的转型。基于稳健和协同的考虑，道路客运企业应采用业务向上延伸视角来确立转型方向，旅游客运向上延伸转型为现代旅游，汽车站向上延伸转

型为商业地产等。

1. 方向一：现代旅游

现代旅游与道路客运企业主业在横向和纵向都有着最强的协同效应。道路客运企业真正的转型一定是做现代旅游，而不是简单做旅游客运，要把旅游客运往上游延伸，做运游、站游结合或一体化，并要从做旅行社的生意转型到直接做直客。道路客运企业要充分发挥汽车客运站的品牌和资信优势以及运力和场站资源的优势，以汽车客运站为基地，将汽车客运站升级转型为城市旅游集散中心和旅游总部中心，同时，采用粉丝经济（通过准入门槛较低的一日游和两日游来形成粉丝群体）和梯度推进（从一日游、两日游到国内游，再到国际游等）策略抢占旅游发展高地。

2. 方向二：商业地产

道路客运企业所经营的汽车客运站从本质上讲应该属于商业地产和物业行业。道路客运企业依托这一主线可以向站贸一体化的方向转型和公路港模式转型。站贸一体化可改变过去汽车客运站的单一功能，让汽车客运站成为流量平台，导入商业功能中，实现以站促商，以商养站。苏州的汽车客运西站就是由于站内还包含了苏州旅游客运总站和苏州狮山石路国际生活广场的功能，成为全国首个站商综合体。道路客运企业可进入以公路港模式为代表的物流地产领域，这也是国家确立的物流行业的重点投资方向。公路港模式与汽车客运站模式几乎相同，因此，两个行业存在较好的管理协同性。

# 汽车客运站要打造现代商业主题

公路客运企业传统的运营模式是“车进站，人归点”。这种模式也越来越受到冲击和挑战。且不说黑车，近年行业内兴起的定制客运主推门到门的服务特征，意在强化公路客运的比较优势，势必要淡化客运站在服务体系中的作用；而行业外的滴滴出行，通过跨城顺风车和专车，则是直接彻底颠覆了这一传统模式。

传统模式下，汽车客运站是公路客运企业的最为核心资源之一。汽车客运站一般处于城市中心地带，占据人流和商流的优势，但过去的十年内，公路客运行业一片繁荣，几乎所有的企业都采取“以站养商”的战略，车站的商业场地往往是简单的租赁，仅作为汽车客运站商业配套服务，往往得不到足够的重视，更谈不上从发展战略和产业转型的角度来考虑了。

由此，我们旅客候车时看到更多的是同质的、千篇一律的零售店面，与街道的杂货真是没有太多的差异，而且只能满足旅客买包餐巾纸、买瓶水、买桶方便面等的刚性需求，价格是传统小店的好几倍。我们看不到能够体现各客运企业所推崇服务理念和品质包含其中。虽然在经济较为发达的地区，我们也看到肯德基、麦当劳等快餐连锁企业的进驻在一定程度上给旅客有了些许惊喜,但相比同是一种交通方式的机场而言,差之甚远。

为什么机场的商业规划、商业设施和商业管理是极具体系的,很多机场还结合了所在城市的各路特色,尽显交通运输和现代商业融合之美,而汽车客运站的整体商业给不出概念,成不了体系,只能让旅客勉强满足刚性需求。有人说,不要过于吹毛求疵,客户群体层次不一样,客户没有这个更高层次的需求。早在1998年任正非在《我们向美国人民学习什么》中就讲到,寻找机会、抓住机会,是后进者的名言,创造机会、引导消费才是先驱者的座右铭。客运人有没有尝试去创造机会,去引导旅客的消费?再试问,时至今日,坐飞机的和坐汽车的旅客层次真有那么大的差距吗?

再看,近年来,在很多的城市,为了发展新城区,或者缓解老城区的交通压力,往往会要求汽车站往城郊接合部或新城区搬迁。很多企业诚惶诚恐,大多认为,对运量的负面影响是巨大。典型案例是,2009年杭州东站搬迁至九堡客运中心,新闻报道运量下降近半。“十二五”开始,公路客运行业每年以10%左右的速度下降,再过五年,甚至这个时间会来得更早,我们将会有很大部分的汽车客运站,光靠客运流量,或许真的是无法维持生计了。那么,转换到今天这个时点上,在客运量一年不如一年的情况下,改造搬迁就未尝不是公路客运企业脱胎换骨的一次机会,大可不必诚惶诚恐、忧心忡忡。

那么,这个机会在哪里?

我们首先看公路客运站的商业本质。本质上,公路客运站是以客运售检发业务为主题的商业地产。主题是可以变的,是否变,关键看市场和需求有没有变。

因此,当客运业务量变动时,需要动态调整站商逻辑关系。客运量上升时,要提高车站功能比例,客运量下降时,要扩展商业地产和自有商业的功能比例,并使汽车客运站的商业功能相对独立于站场功能。当然,扩展商业地产和自有商业瞄准的客户群不仅是旅客本身,还有汽车客运站周边的消费群体。要以用现有旅客的基础量来扩展非旅客消费量。

汽车客运站要打造两个主题,一个是汽车站主题,另一个是现代商业主题,汽车客运站也是商场、专业市场、卖场等。

为什么汽车站一定叫某某汽车站?为什么不可以叫某某交通生活广场?

处于城市中心地带的汽车场站,要充分分析周边消费群体特征,系统规划汽车客运站的商业体系,创新发展当地特色商品专卖、便利店、酒店和旅游相关服务业等类型的商业形态。

处于城乡接合部或者新城区的汽车场站,要充分发挥交通便利(例如,市区和农村的班线网络等)和场地资源优势,适合发展大容量的零售商业和专业市场等商业形态。例如,类似在德国打败沃尔玛的阿尔迪的折扣大超市就很适合这类型的汽车客运站。

试想,一个区域型的公路客运公司如果有四五个自己的客运站,做好整体规划后,或许就能够成为地区最大的连锁商业体。如果能够抓住目前客运旅客较好的基础量及早规划、布局和调整,这真不是幻想。

汽车客运站,五年后继续要过好日子,唯一的出路是,从现在起,开始依托场站地产资源发展现代商业。

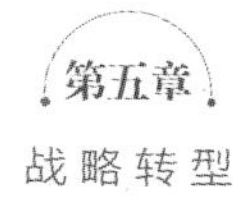



# 站场转型商业零售须做四个改变

2017年12月14日,运营二十二年的北京北郊长途客运站关停,23条客运班线、78辆客运班车将全部迁移到其他五座长途站运营。这是近十年来北京市关停的首家长途站。

一方面是出行增长,另一方面是汽车站人流稀少,往事不堪回首。

对于北郊长途客运站的关停,北京市交通委解释,是为了推进非首都功能疏解,落实本市清洁空气行动计划。未来北京市大部分长途线路都将逐步迁出五环。官方解释的背后,从事道路客运的人都知道,客运站关停的原因不止如此。近些年来,高铁、民航的迅猛发展给长途道路客运带来冲击;省际公交的开通,私家车、拼车出行等模式的分流,造成以短途擅长的道路客运逐年下滑。数据表明,当年,北郊长途客运站出京旅客峰值数量达到5000多人。到2018年,客流高峰的时候一天出京旅客仅2000多人左右。五年来,该客运站的客流下降超过五成。真是往事不堪回首。

无论是为了缓解拥堵,还是因为环保压力,抑或是来自高铁民航、私家车和拼车的冲击,都在背后推着道路客运,逐渐滑入低谷。

如果有人能画出出行量与道路客运量的曲线，一定会发现，两个曲线是背离的。

汽车站再不变革，那么下一个“北郊客运站”可能就是你。

与其寄生于“人公里”，不如深耕商业化。

在汽车站面对着“你过不好我就把你关停”的生死时刻，是该静下心来审视汽车站的转型问题了。转型这件事情虽然急不得，但如同温水煮青蛙，等你想转型时，可能已经被煮熟了。

现代管理学之父彼得·德鲁克认为，创新机遇的来源之一是“意外”。“失败应该被当作创新机遇的征兆，并认真对待。”如果这些年汽车站在外迁和关停算作一种失败产生的机遇的话，我们也可以借用德鲁克的话来说，汽车站变革的机遇已经来了。利用这些机遇不仅要靠运气和直觉，还需要积极组织和管理。

冯仑在谈到变革和稳定的时候，讲了这么一句话，即创新的胜算要靠时间的，要看环境的。从对历史和未来负责的角度看，汽车站不得不变。

传统的汽车站的商业零售规模和垄断利润是寄生在客运量上。客运量下降，则商业零售额下降；客运量上升，则商业零售额上升。当客运量每年掉 10% 时，不知现在零售额和零售垄断利润还能保持多久。汽车站等不来救世主，只能自救。

首先是不再依附汽车站的封闭而赚取垄断利润。汽车站的零售功能要遵循正常商业零售市场规律和规则，主动自我革命，要采用薄利多销的策略，以最大化满足旅客的消费需求，同时，增强旅客的认同感。现如今，一件小事就能让客户差评，并通过自媒体广而告之。四元的农夫山泉，能让你赚两元，但你同样获得的是差评,差评,差评。这里真的要呼喊,真不能让农夫山泉再卖四元了。伤了上帝,没了认同,今后靠什么吃饭?

其次,不再唯一依托客运量。交通运输部运输服务司巡视员王水平曾在中国道路运输年会上表示,道路运输行业长期以来盯的是吨公里和人公里,强调的是车轮子要转,要有货有客,但恰恰“服务”是最容易被忽视的。他大声呼吁:“凡是盯着人公里的都要逐步转变思路。”汽车站依存于道路客运的繁荣,当“人公里”都没有利润时,汽车站如何生存?靠的就是服务。以往收取站务费、场站租赁费和自营商业,汽车站可以偏安一隅,但现在商业目标市场从单一的旅客群体转变为旅客和周边居民两个群体并重,如此才能支撑车站未来发展。旅客出行是刚性需求,就看你怎么做。

在客运量还处在相对高位的情况下,是将目标市场逐步开放、转移到周边居民最好的时机。这是因为我们可以利用相对高位的客运量的基础来构建和培育适应周边居民消费特点商业体系。

在目前,汽车站转型商业零售是最合适的时间,是最好的环境。且看汽车站转型商业零售,你必须要做以下四个改变。

### 一、改变属性定位:汽车站不仅是集散,它更是商业

曾几何时,汽车站之于旅客,就如同故土之于农民,有着高度的认同感。这种认同是源于过去交通极其不发达,出行半径小。车站就是唯一的出行起点,对于旅客而言,或许是内心世界的起点。在车站里,你可以经常见到亲戚朋友,聊聊家常。然而现在不行了,汽车站真的“只是”客运站了,其单一功能属性强化到了极点,同时,旅客对于汽车站的认同感下降了极点,甚至是负面评价。

当然,也有人可能认为,汽车站就是用来集散旅客的,它干好“集散”就行了。特别是在快节奏的社会里,大家来汽车站只要能随来随走,无须长时间等待,要那么多商业功能有什么用?这个问题切中的是旅客的单一需求的满足。但就汽车站而言,需求是需要引导的,我们不能说,做不好“需求”,就认为旅客没有“需求”。从汽车站的生存命题而言,只做好集散,就没有故事可讲。一个讲不出故事的产业,资本方、管理者甚至乘客,都会给它打上“没用”的标签,外迁、关停随后而来,这就陷入了死循环。

之前我们提到,汽车站卖的农夫山泉要一瓶四元,是建议零售价两倍,而无论是大超市还是便利店,一瓶农夫山泉售价两元,通过手机支付还能领到几毛钱的小补贴。互联网思维的核心是你的服务超出用户的心理预期。试问,四元一瓶的农夫山泉,能体现出对旅客应有的诚意吗?如此对待消费者,如何让旅客对汽车站有高度的认同感?当面对高铁等强有力的对手时,又怎能不败下阵来?

所以说,需要改变的不仅是汽车站的单一功能,更要把汽车站商业地产的本质淋漓尽致地发挥出来,构建汽车客运和商业零售双重功能属性。

因此,汽车站零售功能必须通过变革来相对独立于客运功能,把客运集散功能融入商业零售场景,把商业零售变为出行消费的一部分。我们的汽车站就会演变为之前所提到的交通生活广场的概念和形象了。

交通生活广场,既可以出行,也可以购物消费和娱乐休闲。当然,整体外观形象上也要参考商贸综合体做整体改造。

### 二、改变思维定势：站长和老板们从来都不是好基友

汽车站发展商业零售的传统模式是将场地租赁给商户或者老板，由老板们来经营汽车站门面。大大小小的车站或多或少有着几十万、几百万的商业租金收入。在经济较为发达地区，客流量较大的汽车站还可以同时参与营业收入分成。

问题是，寄居在汽车站的小店老板们和汽车站站长想的是不一样的！老板们追求的是短期利益，赚一年钱是一年，并没有考虑涉及汽车站整体利益和长远利益问题，更不会考虑汽车站的整体转型问题。当然，从老板们自身的角度看，也没有试图打造一种专门适应汽车客运的商业零售模式，也就是无法进行快速复制。所以，老板们往往就是简单粗暴地只提供旅客刚性需求产品，以达到自身短期利益最大化。

在客流急剧下降的形势下，汽车站须站在转型的高度，立足未来的视野来改变简单租赁的商业模式，转变为自我主导和发展的模式，要建立属于汽车站独特的商业零售模式。

### 三、改变封闭形态：动态调整商业空间格局

希腊哲学家赫拉克利特说：这个世界唯一不变的是改变。这句话的现实解读就是，你不改变就是在作死。

客运量逐年下降，需要动态调整客运功能和商业零售资源配置比例，同时调整空间格局。因为旅客的类型发生了变化，信息化水平发生了变化。这使得动态调整空间格局更显重要。

一方面，旅客出行类型已经发生了巨大的变化，商务旅游出行

比例提高，务工劳务旅客出行比例在下降；同时，旅客商业消费能力极大的提升，需求的多样性增强。这就需要汽车站在供给上充分释放旅客消费能力，满足多元化消费需求，旅客已经到了温饱小康，矿泉水和方便面，已经满足不了旅客的刚性需求了。试问汽车站，你有 Wi-Fi 吗？有 coffee time 吗？有小吃店吗？有肯德基、麦当劳吗？

另一方面，汽车客运的信息化程度越来越高，网络售票、微信售票和 APP 售票已经很是普遍，越来越多的售票工位被自动售票机和取票机所取代。发达地区网络售票已经接近一半的规模。

汽车站在综合考虑节假日高峰处置方案的前提下，要尽可能增加商业零售功能面积；同时，尤其重要的是，车站的商业零售功能区要具备极大的开放性，打通站内和站外的商业布局，要让周边居民也可以进入车站商业零售区消费，一改只有坐车才到汽车站的定势思维。

汽车站商业零售形态要充分研究旅客和当地居民的消费心理，建立其具有汽车站特色商业零售形态体系，彻底改变车站里只有一排排只卖水、方便面和休闲食品的零售店。处于城市相对中心的汽车站在商业零售形态上要形成组合，可以是连锁便利店 + 连锁餐饮店（例如肯德基、85°C 等）+ 特色商品店（土特产等商店）+ 休闲娱乐点（抓毛绒玩具游戏机等）+ 连锁服装店（例如，优衣库等），其中，引入优衣库等的功能在于引流。

## 四、改变出行场景：客流也是消费流

汽车站是一个典型的场景消费。移动互联网形成的场景化思维,高度注重用户体验,商业化围绕社群概念、商家与消费者之间的黏性互动展开。这突破了以往商品一旦被生产和售卖,商业行为即告结束的局限。借助场景消费,汽车站需要思考一个问题,在快节奏的出行过程中,如何让旅客成为消费者,并产生良好的场景服务的记忆?

宜家的空间布局是经常被提及的经典案例,风生水起的凯德Mall、大悦城,都是场景消费的代表。成功的商业能在最大限度上调控和掌握消费者的感官,实现对其需求创造,和潜在需求的激发。

旅客进站一般会有30分钟至1小时的提前量,整个行程可以这样描述为"购票(网上购票)—检票(寄存)—等候(餐饮)—上车"。进入汽车站,行李不多的旅客可以先在先进入站里进行取票或者买票。买完票,如果行李较多,随手可以把行李免费寄存,寄存好之后就可以在餐厅休憩和停顿,可以到进入零售店买买特产和其他商品等,买完特产直接可以打包提前送到乘坐的汽车大巴底仓。

一、二级汽车站,还有综合运输枢纽站场,往往还是多功能的中心点,连接了旅客运输、公交、出租车、地铁,甚至铁路客运等,这种消费场景可能更为复杂。

如此出行场景,我们能够挖掘的消费情形有很多。简单思考一下,比如:满足特殊人群的个性化需求,接送站服务、残障人士的引导服务、旅游地接服务。这些增值服务给汽车站带来大蛋糕。再如,在出行场景中找到消费场景。30分钟左右的等候过程中,挖掘旅客的消费诉求(吃饭、购物、休闲)。还有吸引汽车站周边的消费群体。分析一下现在“80 后”、“90 后”需要什么,网上能干的事,汽车站不用干;网上干不成的事,汽车站可以代劳。

北郊长途汽车站的关停,不仅是道路客运的缩影,也是在出行产业更替进程中的牺牲者。如果不希望成为下一个北郊,那么现在就开始转变吧!

第五章

战略转型

# 转型物流必须抛弃传统路径依赖

## 一、无奈的选择，就会变成创新的累赘

中国道路运输行业百强诚信企业中九成以上都或多或少涉及物流业务，但上升到转型战略的企业不足四成，物流已成为支柱产业板块的企业几乎没有。

传统公路客运和公路货运看似是一对孪生兄弟，成长过程中也是分分合合，但经济社会发展到今天，这对孪生兄弟，发生了深刻的变化，存在着本质上的差别。

传统公路客运是资源导向，话语权是在政府手中，是在企业手中，但综合运输时代、汽车时代和互联网时代到来后，也开始转移到旅客手中，必将由旅客说了算；而现代物流则一直是市场导向，话语权始终掌握在客户手中，现代物流企业则一直在寻找客户的痛点或潜在需求，一直在为客户提供供应链解决方案。

公路客运企业治理更多是多级科层制，组织结构牢固和稳定，但面对外部竞争对手或者客户需求快速变化时，显得迟钝和低效；现代物流企业治理是更多的扁平化，强调项目制、小团队管理和事业合伙制度，具有高效灵活的服务和处理机制，能够快速响应客户

需求。

如果说，在传统公路客运行业出现断裂和崩溃的趋势下，仅仅看到过去传统公路客运和公路货运是孪生兄弟，公路客运企业无奈发展物流，不仅无法成功转型，更可能成为创新的累赘，是雪上加霜。

## 二、拓荒之路，必须抛弃路径依赖

公路客运企业发展物流是一种创新。克里斯坦森教授在《创新者的窘境》中提到，创新在一个已成功的主体中是多难以发生，多数会产生路径依赖，被惯性带着走。如果不主动把资源预留在有争议的事情上，等到原来的创新变成了累赘，公司将再无法翻身。

公路客运企业在过去的黄金十年无疑是成功的，势必会让成功成为历史包袱。那么，如果发展物流的创新继续沿用原有的路径，那么取得未来的成功概率是很低的。因此，公路客运企业要开拓物流疆域，必须忘掉客运成功，必须扔掉历史包袱，必须抛弃路径依赖。

### 1.人才制胜

公路客运企业发展物流，要坚持“人才制胜”的团队发展路径。作为资源型行业的公路客运，不同人才给公司带来的绩效差别，也许只有两三倍，但是作为完全竞争型行业的现代物流，很可能是十倍甚至是五十倍、一百倍。

公路客运企业发展物流，不能盲目进入，要有团队做好顶层设计，诸如，发展定位、业务规划、资源配置、流程机制和团队建设等。

因此,公路客运企业发展物流一开始就要盯梢物流界"牛人",招募有顶层设计和资源整合能力的人才。因为这些关键人才早年的素质非常重要,后天很难培训。

如果在人才路径上使用公路客运专业人才来发展物流,当然可以培训,但在当今速度制胜的时代,能够在窗口期内达到转型真正需要的效果,成为支柱产业成功的可能性就会很低。

当然,这不妨碍公路客运企业新增了物流业务,但当公路客运行业雪崩来临时,物流产业不能成为新世界,这对于转型是没有意义的。

2. 模式为王

自二十世纪九十年代末以来,物流行业经过沉淀积累,已进入全面提质升级的新阶段,市场更加细分,竞争更依赖的是模式。现代物流不能简单定义为公路货物运输,进而趋同于公路旅客运输。现实中,公路客运企业发展物流最简单和现实的路径切入是买车搞运输,买地搞仓储,这种资源主导和供给主导型的发展路径依赖在如今这个时代往往带来的是新的累赘和包袱。

举一海汽集团例子可以进一步深入探讨"模式为王"的发展路径。

海南作为海岛本身在地理和区位上相对独立,这对于深耕区域物流市场有着得天独厚的条件,同时,我们看到,海汽拥有海南省全部二级以上的汽车客运站,遍布海南全省 18 个县市,公司所有客运场站占据了海南省道路客运旅客发送量 95% 以上,这种垄断型、全网型资源对于发展物流网络有着强大的协同效应。因此,海汽集团发展物流的模式可以定位为立足海南区域的全网型的快递网络服务平台，这个平台应该是一个开放式平台，对接“四通一达”等全国网络型快递企业。

一个发展模式要具备九大要素，供公路客运企业家发展物流时参考：

——客户细分：明确客户定位，不是所有客户都能做的。顺丰最擅长的也是商务件，其并不擅长淘宝件，德邦能做的是零担货，其要做德邦快递，成绩平平，这就是细分的力量。

——价值主张：解决客户主要什么难题和需求。一个简单的运输车队的模式，解决的只是货物的简单位移，但一体化供应链模式的企业，解决的是从原材料到最后产品到消费者手中的全过程一揽子服务需求。哪种模式更具有价值，不言则明。

——渠道通路：卡行天下等平台型公司则连接的是专线干线企业和货代公司，其价值是通过平台入驻企业来传递；第三方公司则直接通过自身的服务来传递价值。因此，渠道通路决定了企业是线性增长，还是非线性增长。

——客户关系：客户开发和维护还是靠着潜规则吗？这是不可持续的。随着供应链时代的到来，只有品牌和服务才是建立和维护客户关系的王道和正道。

——收入来源：单一的盈利模式，只是赚个运费，或是仓库租金，还是倒货赚个差价。收入来源要有收入组合，收入来源要真正地帮助客户挖掘第三方利润源，实现共同分享，这才是物流盈利模式的精髓。

——核心资源：公路客运企业发展物流起步阶段的核心资源或许是车辆、仓库等，但发展到一定的阶段，光靠这些是不够的，核心资源应该是软资源和软实力。

——关键业务:关键业务的能力在于成本、效率和服务,关键业务活动是给客户提供解决方案的能力。

——重要合作:这个时代已经是一个开放的时代,不再是一个闭门造车的时代。公路客运企业发展物流要打造开放的企业平台,专业的事情让专业的人和专业的组织来干,讲求优势互补,这才能实现快速成功转型。

——成本结构:要合理配置自有成本和外购成本,终其目标就是要实现综合成本的最小化。

# 解读“十三五”旅游业发展规划

大多行业人士认为客运站转型旅游是一个方向，但要看谁走得更好。我们也是认为旅游是客运企业转型的下一个风口，是客运企业转型战略的重要产业方向。

去年年底国务院正式发布了《“十三五”旅游业发展规划》（以下简称《规划》），首次将旅游业发展上升到国家层面，成为重要的国家专项规划。

## 一、准确把握“五化”趋势

规划明确阐明了“十三五”期间的发展趋势，即“五化”趋势。

### 1. 消费大众化

旅游已经像出行一样成为人民群众日常生活的重要组成部分。2015 年国内旅游人数已经达到 40 亿人次，居民出游率已经达到一年三次。我们经常在谈论不同年龄层次不同的出游方式，“80 后”、“90 后”绝大多数会选择自助游、自驾游，不仅他们，自助游、自驾游实际上已经成为大众的主要出游方式。

适应越来越多自由行的发展趋势，苏汽集团于 2015 年启动“苏州好行”项目，通过专属观光巴士串联起苏州地区旅游要素，为到苏州自由行游客提供一篮子的交通和票务旅游解决方案。通过苏州好行,不仅可以以最快的时间、最短路线直到苏州主要景点,还可以让来苏州游客深度体验苏州特色和风情,例如,枇杷采摘一日游、赏樱一日游、东太湖一日游等。

2. 需求品质化

消费升级后,大众对个性化、特色化旅游产品和服务的要求越来越高。有人形象地总结过跟团游,即"上车睡觉,停车'撒尿'、下车拍照",如此的旅游服务已无法适应大众旅游新时代的要求。

很多客运企业转型旅游大多以一日游、两日游为主,主要依靠的是景点景区、宾馆饭店等基础旅游要素的发展模式。这类产品吸引的更多是中老年人群体,由于游客消费意愿相对较低,一般而言,大多采用薄利多销的方式。要说竞争力体现在哪里,或许只有价格。

临沂汽车客运总站旅游集散中心推出的"舌尖上的日照一日游",临沂到日照130公里,"108元,还包括这么多景点,真够吸引人",是的,便宜!……"才吸引人",还有其他吸引人的吗?

必须坚信的是,一日游、两日游的产品是客运企业转型旅游的敲门砖,是必经之路。在"十三五"的发展趋势下,如果单一地发展所谓的一日游和两日游的产品体系,难以形成核心竞争力。但这是打基础,必为长远之计做准备。

3. 竞争国际化

规划强调各国各地区都在推动旅游市场全球化、旅游竞争国际化,竞争领域从争夺客源市场扩大到旅游业发展的各个方面。这一趋势给我们的启发是,客运转型旅游要有大视野,要有大格局。

公路客运市场越来越本地化,但客运转型旅游千万不能局限于本地化,不说着眼于全球,但一定要立足于区域,甚至是全国格局来布局旅游产业发展,否则是无法支撑转型的。

盯着本地的群体,盯着周边一日两日范围内的旅游资源,在规划中明确提出要依托有竞争力的旅游骨干企业,促进规模化、品牌化和网络化经营,形成一批大型旅游企业集团的竞争格局下,客运企业发展起来的旅游产业板块将会在未来置于整个旅游产业链的哪个位置,可想而知。

4. 发展全域化

规划强调要以抓点为特征的景点旅游发展模式向区域资源整合、产业融合、共建共享的全域旅游发展模式加速转变,旅游业与农业、林业、水利、工业、科技、文化、体育、健康医疗等产业深度融合。

根据国家旅游局发布《2016 中国旅游投资报告》显示,2016 年旅游业投资主要集中文化旅游、生态旅游、乡村旅游以及温泉滑雪、低空飞行和工业旅游等新型业态,投资增速较快。2015 年、2016 年旅游投资业态情况对比如图 5-1 所示。

5. 产业现代化

规划强调科学技术、文化创意、经营管理和高端人才对推动旅游业发展的作用日益增大。

客运转型旅游在进入的时候就要实施资源的高配置。首当其冲的是人才的配置,今天这个点上旅游发展需要人海战术,但绝不会决胜于人海,而靠的是区域资源整合和产业融合能力,这就需要高端人才的统筹规划和协调推进。客运企业劳动密集型的人力资源优势未必能发挥制胜作用。

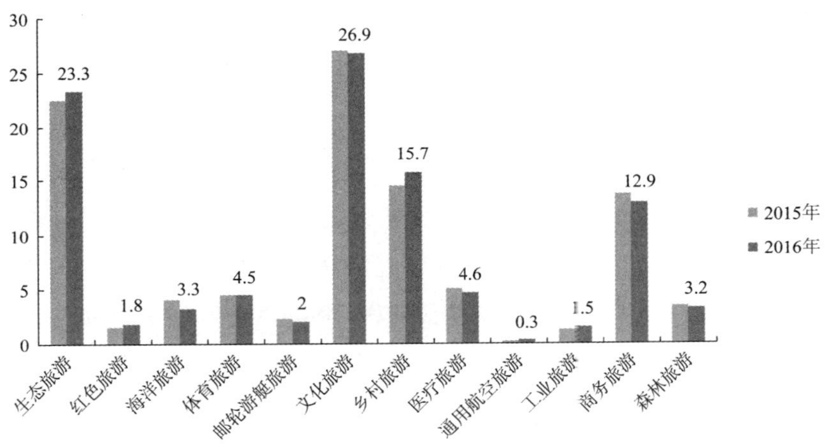


图 5-1　2015 年、2016 年旅游投资业态情况对比(%)

“旅游 + 文化创意 + 互联网”的模式已成为旅游产业金字塔的塔尖。因此,有条件的客运企业要高位切入到旅游产业。

江苏大运转型旅游产业,采用合资合作方式切入到文化创意产业,并实现旅游产业和文化创意产业高度融合,从而实现了旅游产业链延伸和发展品质提档升级。

山西汽运集团全资旅游子集团三晋文化旅游集团是山西境内唯一一家“互联网 + 文化创意 + 旅游资源整合’的大型旅游骨干企业,其文化创意板块包括文创产品,深挖展示三特色,开发具有山西文化特点的定制类产品;还在 5A 级景区平遥古城开设了第一家清文化主题酒店“光绪行宫”;同时,其以 O2O 模式为切入点,运用互联网、大数据等新兴技术为支撑，建设开发了智慧旅游平台。

二、重点关注旅游投资热点

沿着“一带一路”布局：既要“走进去”，又要“带出来”。

1. “走进去”

随着“一带一路”国家战略的推进以及全域旅游发展的推动，西部地区成旅游业投资洼地，虽然东部地区仍旧是投资热点，但西部地区投资增速最快，占全国比重已达到28.8%，同比增长了37.7%，后发优势明显。同时，规划中提到的培育20个跨区域特色旅游功能区、10条国家精品旅游带和25条国家旅游风景道等新布局，其中绝大部分都涉及西部地区。

可见，客运转型旅游要想大发展，必须实施“走出去”战略，不可不跟进中西部，要采用跨区域投资合作、联盟联合、共建共享等方式，打造西部观光旅游精品体系。

2. “带出来”

中国旅游发展报告显示，尽管我国旅游出游力仍旧保持东强西弱总格局，但东部地区潜在出游力在逐年下降，中西部出游力在逐年快速增强，地区差距在进一步缩小。东部区域累计潜在出游力变化如图5-2所示。

随着大众化趋势日趋明显，加之地域和文化相对熟悉，本地人（或区域）游本地（或区域）绝大多数选择自由行的方式，而跨区域出游的跟团游比例会相对较高，或者对于旅游企业的依赖性会更高。

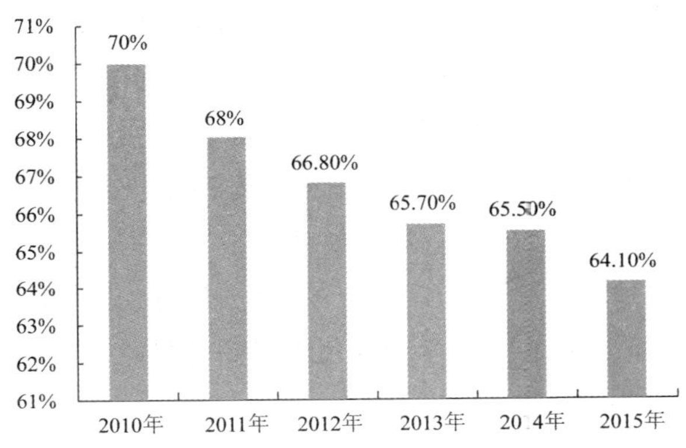


图 5-2　东部区域累计潜在出游力变化

## 三、择机选择八大旅游业态

规划明确要优化旅游产品结构，创新旅游产品体系，推动精品景区、休闲度假产品、乡村旅游、红色旅游、自驾车旅居车旅游、海洋和滨水旅游、冰雪旅游、低空旅游等。不同地区客运企业转型旅游可重点关注八大旅游业态。

这里重点提下自驾车旅居车旅游，规划有着详细自驾车旅居车推进计划，其中，要求大力发展自驾车旅居车租赁产业，促进落地自驾游发展，开展异地还车业务。这里与客运企业专业的客运班车、包车和租车业务有着相对高的业务协同性，尤其是东部客运企业可以重点考虑。

## 四、对客运转型旅游的两点战略建议

### 1. 因地制宜

“目前客运企业基本上都有旅行社和旅游客运业务，每一家客运企业不能只走别人走过的,要结合自身情况考虑得长远些。”

不同的企业有着不同的发展基因,有着不同的产业基础,所在地区也有着的不同的资源禀赋,因此,不同地方企业转型旅游在选择机会的时候必须要因地制宜,充分考虑企业自身优势和特点,切不可盲目跟从。

以某省各地市为例,国内旅游接待量前三位分别是 1 亿人次、9000 万人次和 8000 人次,其余地市则最高的只有 5000 万人次,最低的只有 1300 多万人次。

那么,前三位城市客运企业在转型旅游过程中,与其他的城市在战略和策略上必定是不一样的。

非专业的角度认为,战略上首先要确定打造地接的服务体系的目标定位。当然一般的情况下,这个市场已经属于高度完全竞争。竞争不可怕,但从策略上,守株待兔必定是失效的,可以采取走出去的策略,可以到中西部省市设立办事处或者联合合作,建立全国揽客网络。

同时,当客运站场等资源开始出现闲置,则可以针对旅游地接业务方向有针对性地进行改造,或许这是客运企业转型很好的资源条件。

2. 抱团制胜

客运企业转型旅游,不仅是一个单体企业的问题,而是整个行业的重大命题,事关整个公路客运行业的兴衰存亡,迫切需要全国客运企业联合起来,建立起一个统一的客运转型旅游的发展平台。

这个发展平台可以是联盟性质的,联盟不求盟主,但求联合;也可以是资本性质的,资本不求控制,但求联合。

联合的核心要义主要体现在三个方面：

1)集聚优势

客运企业都是地方性的,在本地有着得天独厚的优势,而旅游产业是全网性的。一家客运企业要通过自身的力量来集聚全网的旅游资源是巨大的挑战,这就需要各地客运企业都去争取本地旅游资源要素,并将获取到的旅游资源要素整合到共同的发展平台上去。

历来全国交通一家人,这是作为交通人最大的骄傲。有理由相信,会在最短的时间内迅速聚集起全国丰富的旅游资源要素。

2)资源整合

在集聚优势的基础上,以推动客运行业成功转型旅游事业为终极目标,致力于客运行业内旅游发展资源整合、优势互补、协同发展,共扩市场。协同构建统一的客运行业线上线下旅游服务平台,联合开发统一的旅游服务品牌,实现规模化、品牌化、网络化经营。同时,按照市场细分的要求,推进特色化、专业化的发展。

3)共建共享

共建共享的发展理念必须贯穿于建设全过程。一是要加强客运行业旅游合作共建,进行产品、资源、信息和资本的全方面流动,推动客运行业旅游发展平台的高水平发展;二是要加强行业旅游合作共享,尤其是东部与中西部的合作,要以行业共享的利益机制进行利益再造,要以创造更大的价值为目标来实现共享和多赢,绝不是独享和输赢。

# 公路客运转型下一个风口——旅游

每逢春节，景点人山人海，旅游市场依然是遍地黄金。越来越多的地方在开展千人游、万人游的活动，这里面不乏公路客运企业的身影。

不禁感慨，消费升级的时代真的到来，中国已经进入了一个全民旅游的时代。

国家旅游局统计，2015 年，我国国内旅游突破 40 亿人次，相当于平均每人出行 3 次，旅游收入过 4 万亿元人民币；2015 年我国在线旅游市场交易规模达 5402.9 亿元，市场渗透率是 13.1%，而且以接近 50% 的速度在增长。

4 万亿，不禁想起 4 万亿的经济刺激计划。这不是大，而是很庞大的一个市场。

交通运输部、国家旅游局等部委联合发布的《促进交通运输和旅游融合发展的若干意见》，指出交通运输是旅游业发展的基础支撑条件，支持创新形成交通运输和旅游业联合发展的新模式。

企业永远是行业创新发展的主力军，永远是行业供给侧改革的主力军。全国很多公路客运企业早就开始借助交通便利资源涉猎旅游业务，包括旅行社和旅游集散中心业务。到 2015 年前后，一些深有远见的企业开始将旅游发展作为公路客运转型战略板块,大举进军旅游产业。

这些举措是否称得上转型成功,还有待市场和时间的检验。作为跨界转型,真要到这个浩瀚的市场中抢一杯羹,从零开始,其实还是艰难的。

从零开始,可以在一张白纸画上美妙的风景,但画什么才能独树一帜、美妙绝伦,这才是关键。

画什么,就是定位!

"定位之父",著名的定位理论创立者杰克·特劳特强调,定位就是"与众不同","要实现产品在消费者心目中的差异化","让潜在的顾客将你与其他公司区分开来","找到一个最有利的位置与竞争对手抗衡"。

任何的与众不同,任何的差异化,任何的最有利位置的锁定,离不开一个企业的发展轨迹积聚的优势,离不开一个企业自身具备的资源优势。

因此,"公路客运+旅游"的定位,要把握好公路客运发展旅游的相对优势。

1. 车队优势

公路客运企业有着成规模的专业车队,少则几百辆,多则几千辆,且大多数企业多年从事旅游客运服务,有着合法旅游资质的旅游车辆和多年的旅游用车从业经验;同时,公路客运企业大多实行公车公营的模式,且安全标准完全执行公路班线客运标准。

公路客运企业充足的运力为转型旅游提供坚强的用车保障,

反之,旅游用车往往可以消化班线客运的闲置车辆资源或转移班线客运的过剩运力。由于往往可以使用的闲置或过剩车辆资源,在用车成本上会总体偏低。

2. 车站优势

车站是社会基础设施,是为老百姓公共出行提供的服务系统,具有准公共物品的属性,因此,车站给老百姓刻画的概念是有着政府信用的背书;同时,车站长年累月开门做生意,即使发生服务事故,也是赖不掉,跑不掉的。因此,车站做旅游,第一印象是值得信赖的。

车站有着几十、上百的客运班线,路经、接近旅游目的地,因此,车站有着发展旅游直通车的天然优势,将线路延长至旅游目的地,将时间调至游客旅游时间点,将内容延伸至门票代理等,是水到渠成、非常自然的产品延伸。

3. 本地优势

公路客运是区域相对垄断,一个县一个客运公司,一个市一个公司。公路客运企业有一个非常大的优势,就是本地优势,有着最大的本地熟悉度,有着庞大的员工群体,有着丰富的关系脉络,这对于发展旅游是非常好的一个天然条件。

有人讲,传统企业永远看到的是现在,创新企业永远看到的是未来,是趋势。那么,公路客运企业发展旅游,既要看到发展旅游既有优势,又要看到未来趋势。

公路客运企业发展旅游不能简单定位于传统旅行社,因为传统旅行社已处窘境,并不代表未来和趋势。

组团社、地接社等传统旅行社最大的优势是作为中介组织存在的资源整合能力。但旅游市场经营环境发生了结构性变化：一是自由行已经占据市场主流。2015 年自由行人群已经高达 32 亿人次，占 80%，1.2 亿人次出境游客中，有 2/3 的游客选择自由行。二是在线旅游市场规模增长迅速。最新数据显示，2016 年在线旅游交易市场规模突破 6000 亿元，同比增长 34%。线上企业对线下传统旅行社挤压进一步加大。

因此，在自由行和在线旅游企业的双重夹击下，传统旅行社业务规模在急速下降；加之本身传统旅行社存在激烈的同质竞争，传统做国内旅行业务的旅行社作为中介组织的传统优势在不断削弱，其经营将会越来越艰难，其不转型，也将会是死路一条。

综上所述，公路客运企业发展旅游的战略原则有两个方面：

一是要深耕本地市场，不盲目发展全网型的旅游，但一定借助本地优势做成开放式的地接服务平台来对接全网型旅游平台或者企业。

二是做深做透细分市场。如果公路客运企业发展旅游不能很好地进行细分市场确认以及用户体验方面精准定位和精细深耕，做出自身特色，与众不同的话，入门即意味着关门。

记得同程旅游 CEO 吴志祥在中欧校友会的分享中透露，同程旅游 2017 年将全面发力老年旅游市场，因为老年旅游市场是大家都没有充分关注的利基市场。老年旅游市场恰恰是车站做旅游的最大的优势。

任何企业的转型发展都要遵循一定的轨迹，循序渐进，找寻到属于自身的高成长、高利润的发展空间，进而全押（All in）旅游转型。我们认为，可以分为四个阶段模式：

第一个阶段模式："交通 + 门票"

公路客运旅游班线延伸票务代理业务，这是一个基本的服务延伸，是交通和旅游融合的最初级的形态。很多公路客运企业广泛开展此类业务形态。但目前，在我们既有的以价格为主导的旅游消费心理和混乱的市场竞争格局下，这种的比较优势还不能很好地凸显出来。

第二个阶段模式："交通 + 门票 + 主题"

可以充分借鉴学习"台湾好行"的做法，策划旅游主题来实现旅游景点的串联。"台湾好行"的黄金海岸主题线、天灯主题线等，对于聚集和便利散客旅游发挥了重要作用。

比如，木栅平溪线以天灯为主题串联起了这条线路上的 10 个景点，如此各个景点的知名度较之前分散的方式而言都得到了极大的提升，极大地促进了地区观光旅游业的发展。试想，如果公路客运企业主导整合这些景点形成统一线路，那么各项盈利点就能形成融合，形成一体化商业模式和服务能力。

第三个阶段模式："交通 + 门票 + 主题 + 体验"

2015 年国家旅游局的调查显示，71. 2% 的自由行游客希望获得一站式的解决方案和完整的旅游产品购买、消费体验，缩短旅游决策时间。

罗振宇《时间的朋友》跨年演讲说到，有个好东西，就是父爱逻辑，在这些算法中，最好的服务是给你不知道的好东西，这是下一个服务升级的方向。

确实，出去自由行，最大的纠结就是要去哪个景点，到底好不好玩，能不能得到我所要的体验等。消费升级对于旅游最大的特点,我们认为是体验,体验就是能够通过旅行深入、融入目的地的各种风俗文化、风土人情。

如果公路客运企业能够提供本地旅游的主题,实现一个很好串联,同时,增强产品和消费体验,买到本地最具特色的产品,吃到最地道的美食,体验到本地最有典型的文化,相信是一次美妙的旅行。

第四个阶段模式:“交通+门票+主题+体验+定制”

第三个阶段模式还是有点限制,没有完全的自主性,如果我们在采用父爱算法提供主题体验旅游服务的同时,能够打出定制的概念,就是在服务过程中,随着旅客对于本地和主题理解,让旅客贡献自己的想法,及时在过程中调整旅行目的地和旅行项目,这就可以让旅客真正地享受到旅游的乐趣。这就是罗胖所讲的母爱算法了。

“父爱”和“母爱”双重算法下的旅游服务才是完美的服务。毕竟,有父爱,有母爱,才真正是世界上最幸福、最美妙的爱。

这也是极其美妙的旅行了。

The Surging Age
of Traditional Transportation
传统出行的激荡时代

第六章

# 方 法 论

# 用足够的定力和心力来抵御“崩盘”之势

2013年客运量出现腰斩，从2012年最高峰356亿人次下降到2013年的185亿人次，再逐年下降到2016年的156亿人次；百城百站的上座率从2010年的51.61%，下降到2016年的42.44%；公路客运企业一半以上处于亏损的边缘，甚至亏损。这充分说明公路客运受到高铁发展和互联网渗透的双重冲击的影响已经深度显现。此时的我们，或许已经开始彷徨、无助、失望，但公路客运下行还远未到最低点，难道我们最后剩下的只能是绝望了吗？

行业还没有崩盘，而我们行业中的大多数企业的员工或已成“崩盘”之势。根据某行业调查报告显示，客运企业员工最大的问题是危机意识和进取意识的缺失。很大比例的客企员工依赖着长久形成的惯性在按部就班工作，在创新缺失环境下的按部就班中不再进取，不愿意探索新鲜事物，更不敢奢谈所谓学习型组织的打造。这很大程度上是因为客运行业给员工，尤其是基层员工形成的固有意识是：他们抱了一个铁饭碗。

产业转型也好，业务升级也好，都有着很好的解决方案，但谁来执行这个解决方案，成了客运企业转型升级最大的难题。探究最根本的原因,我们还是要将原因聚焦到行业文化。行业文化归根到底背后本质是发展利益因素。一个不好的行业文化,是行业或者企业对发展利益的自满和短视所造成。

企业文化的变革是目前行业内每一个企业所需要面对和推动的首要战略课题。每一个企业都要理清楚和把握好企业文化背后的发展利益的属性、结构和趋向等。如此,我们才能兼顾过去和未来、传统和创新,在沉淀中实现快速发展。不管发展利益如何调整,企业文化变革的根本目标还在于如任正非所言,永远将企业保持在激活状态。

## 华为的两次"集体大辞职"

1996年,当时任市场体系总负责人的孙亚芳(现任华为董事长)就曾经带领自己的团队有过一次类似的经历。当时也是由于"沉淀"现象,号称为华为打下江山的市场部以孙亚芳为首,主动辞职,重新竞聘上岗。这次被称作"再创业"的"运动",后来经常被华为内外部的人提起,作为保持华为人"狼性"的一个英雄壮举。

2000年,任正非在"集体辞职"4周年纪念讲话中,对1996年以孙亚芳为首的历史事件给予了高度的评价:"市场部集体大辞职,对构建公司今天和未来的影响是极其深远的。任何一个民族、任何一个组织只要没有新陈代谢,生命就会停止。如果我们顾全每位功臣的历史,那么就会葬送公司的前途。如果没有市场部集体大辞职所带来对华为公司文化的影响,任何先进的管理、先进的体系在华为都无法生根。"

2007年又有了沸沸扬扬的"华为大规模集体辞职"事件,华为公司要求包括任正非在内的所有工作满8年的员工，在2008年元旦之前，都要办理主动辞职手续，竞聘后再与公司签订1～3年的劳动合同；废除现行的工号制度，所有工号重新排序。

任正非常挂在嘴边的词汇中有一个是“沉淀”。在他看来，一个组织时间久了，老员工收益不错、地位稳固就会渐渐地沉淀下去，成为一团不再运动的固体：拿着高工资、不干活。因此他爱“搞运动”，任正非认为，使企业保持激活状态非常重要。

——摘自《中国经营报》

顺便谈谈行业管理文化。

行业管理部门真的需要审时度势，迅速改变以适应公路客运企业受到高铁和互联网双重影响下的新形势和新要求，迫切需要建立以行业企业为中心的行业管理文化。不审时度势，一切皆废。在当下，行业管理部门不该管的、管不好的，不要管。

不过，将客运企业的转型升级是否成功寄托在行业管理部门的成功变革基础上，这种“等靠要”的老旧思想真是要不得。一切需要自力更生，用足够的定力和心力埋头过完自己的坎儿。

一、定力

客运行业没有进入崩盘的时代，但一定是进入了一个恐慌的时代，全行业的人都在大喊“狼来了，狼真的来了”。在这个下行和被颠覆的时代，公路客运企业更需要定力、专注和聚焦，需要有所为有所不为。

客运企业保持企业定力最重要的因素是明确自己战略目标定位。客运企业需要科学设立自身的发展目标，不是所有的企业都能够实现多元化大发展，因为如果客运企业没有殷实的发展基础，在现有市场中也不再具备相对高铁和网约车等的经营优势，贸然采用多元化经营的做法进入新领域，则很大概率导致遍地开花但均无结果的局面。

多元化经营发展要进一步强调一切以市场化方式运作，要重视职业经理人团队，重视管理后台体系的专业化，形成有效的激励约束机制，将专业的事情交给专业的职业经理人来操作。

其实，“小而专、小而特、小而精”也是毫不逊色的发展目标。

后者要强调果断取舍、专注和聚焦。基于未来的视角来改革传统客运业务，甚至果断放弃。如首汽发展首汽约车的那般果敢和坚决，专注和聚焦于出行消费趋势主导下出行服务新模式的创新和全面升级。

“互联网＋客运”的跨界颠覆能力很大程度上来自于这些企业的专注和聚焦，专注于解决老百姓的出行痒点和痛点，甚至只是某个出行细分市场领域。这是传统企业特别需要学习的地方。

二、心力

正如有博文讲到，马化腾的成功在于其强大的心力。行业中每一个企业已经在开始预见客运行业是否要崩盘，也一致认同唯一的出路是转型和升级，也知道必须要创新和变革，模式创新、组织变革、文化变革等，这是每一个企业必须要坚持的对的方向，这是我们迫切需要马上去做的。但或许很多的企业心力不足，当新的业态挤占了旧业态的利益，当转型效果不甚理想，当人才团队不堪重任……是否开始怀疑和妥协？唯有坚定前行者，埋头过完转型升级过程中的每一个坎儿，才会成为行业中的翘楚，也自然很多的企业就出现分心落后了。

巴顿将军说：衡量一个人的成功，不是看他登到顶峰时的高度，而是看他跌到谷底时的反弹力。

我们很好奇，哪些企业在客运行业跌到谷底时能够触底反弹，成为客运行业的新翘楚。或许是你所在的企业，更或许是你所领导的企业。

# 从“坐商”转变为行商，需记住五条营销法则

传统的公路客运出行模式下，尤其是在其他出行替代方式还不发达的时代，公路客运企业确实是彻彻底底的“坐商”。

“坐商”，也称“坐贾”，古代称开店营业的商人为坐商，与行商相对。“坐商”的特征就是具有一定规模的店面，一般长期经营，不需要像行商一样到处吆喝，顾客自会来光顾。

时光飞越千年，现如今的“坐商”门前冷落，电商如火如荼；而在出行领域，同样如此。以前可能只选择公路客运出行，而如今私家车、出租车、城际公交、高铁、民航都飞速发展。传统的公路客运的经济运行半径逐步收窄。公路客运不再无可替代，公路客运企业的“坐商”之名也越来越明显。

“坐商”本身不是贬义词，但现如今，人们禁不住在“坐商”之前冠以传统、过时、死板等定语。是否可以这样说，公路客运，约等于班线客运。不是吗？在道条和客规里，除了班线客运，就是包车客运，后者所调整的是短时间的、突发的、加班的运输任务（单分出的旅游包车有些莫名其妙）。

公路客运行业同等对待所有乘客，只需要提供进站乘坐班车出行的服务，这种情况下，就极大地简化市场营销的任务。公路客

运企业以提供社会公共服务产品的定位，保持与政府的协同，让政府充当好企业服务的信用背书，再强化与社会的互动，就能够很好地进行市场推介和宣传。

时至今日，市场环境发生了重大变化，替代竞争日益严峻，但由于大多的公路客运企业在“行商”方面的规划和实践较少，或多或少处于一种力不从心、手忙脚乱的状态。

在“坐商”的温床上坐久了，连营销牌都不会打了，其他出行方式动不动就给你一个“王炸”，腹背受敌、内因外因交加，再也无法退回旧日的辉煌。

尽管如此，当公路客运行业突然发现，乘客不一定非要到车站来坐车，也不一定非要坐班车时，企业越发认识到市场的重要性，认识到营销工作的重要性，市场营销任务才开始有所凸显。一些进取的企业开始每逢假日运输开始进工厂、进工地、进学校等，现场售票，甚至上门接送。

### 一、实施对乘客心智上的“忽悠”，才是营销的精髓

不管“黑车”“白车”，抓住了乘客的心，就是“好车”。当然，这完全是从营销的角度来说的。

无论是公路客运行业的企业家和经理人，还是普通的从业人员，都对“黑车”深恶痛绝，一切源于他们没有行政许可，违法经营，抢饭碗。但作为一个理性人，我们必须认识到，存在即合理，“黑车”至少满足了一部分乘客出行的需求，而这些需求是我们的盲点。这些盲点，我们看得到，但做不到；而当这些盲点变成了痛点，让互联网平台企业抓住机会，让其他出行方式后来居上，那么公路

客运又以怎样的姿态坦然接受“合法”的身份呢?

某专车平台公司某经理曾说,我做专车会坐牢吗?不会我就敢干。这个想法很大胆,但在互联网越来越发达的今天,胆子大的不仅仅是专车平台,其后来者一定会源源不断。

谈及“黑车”猖獗的原因,一位资深从业经理脱口而出:方便、快捷,门对门服务且态度好;客户一个电话,人家就上门接送,且还主动为客户拿行李,途中吃饭又可选择任意的地方。

“黑车”的安全性和合法性却始终是其致命的弱点,我们姑且不论。从营销角度看,“黑车”能够抓住部分乘客的心,有四个方面原因:一是服务做了升级。可以门对门,可以任意地点上下车,虽然违法,但满足了乘客新需求。二是客户渠道较稳定,通过老乡和熟人的介绍等方式进行关系营销,有需求,一个电话即可预约。三是服务更加贴心,乘客晚点可以等;路途有需求,随时停车;帮提行李;途中拉家常等。四是促销很灵活,根据市场情况随时调整价格,一般比客运站票价便宜10%。

当然,这只是“黑车”中的超级模范生,更多“黑车”实际上不仅“忽悠”乘客,而且会产生无穷的伤害。关于“黑车”,必须要坚决打击的同时,迫切需要我们去变革自我,一切面向解决客户的痛点和痒点,如此才能抓住乘客的心。

## 二、深耕市场细分,才能创造更大的价值

长久以来,公路客运行业将所有的乘客都看成一个样,而且心里暗示的是,只要城际出行,肯定会进站上车。但我们必须认识到,一个产品统天下的时代已经过去,市场越细分,就越具有价值;

主动抓住市场细分，就能创造更大价值。

敢问，哪一个公路客运企业对进站坐大巴车的乘客进行过分析，即使是做过，想必也是远远不够。比如，各年龄层的乘客占比、地域区块占比、起点至车站占比、职业分析、体验评价、出行选择的最优选还是最末选项的占比等。

但市场营销中，我们需要通过市场细分处理乘客差异。我们每一个公路客运企业都希望人人城际出行，都希望全世界的人选择进站上车，且企图满足所有的人，这是不明智的。

聪明的企业是要寻找公路客运出行倾向的人群，研究好各项细分特征并转化为升级的服务产品，然后把服务送到家，送到手上，这就需要对乘客进行充分细分，并充分挖掘价值。

三、没有新产品，再好的营销案都无济于事

陈春花说，企业必须专注于产品和服务，而不是先去考虑营销。营销真是要好好把竞品分析透。高铁和私家车等现在的替代性越来越强，公众出行时，以传统的公路城际出行服务模式是无法成为出行首选的。

例如，从上海到杭州，首先想到的是高铁，然后是自驾，公路客运就是兜底，无奈的最后选择。在如此的产品格局下，到工厂卖票也好，到学校卖票也好，或者是营销案做得如同坚果界的三只松鼠、避孕套界的杜蕾斯，也是无济于事，该买高铁票的，还是会买高铁票，该自驾的，还是会自驾……看样子，在这个情境下，若干是无法改变现实和未来的。

正如，六部门联合发文鼓励支持运输企业创新发展，重点提及鼓励道路客运企业发展定制班车、定制包车、商务专线、校园专线、小型包车等多样化客运服务模式。通过这些全面升级的新产品，才能更好地满足乘客消费升级，才能够引发乘客的兴致。

## 四、营造和销售，更重要的是营造

有了全面升级的新产品，就可以开始营销计划和推进。营销，首先要营，除了产品打造和营造，剩下来就要进行营销策划，要在市场上掀起全面的新产品风暴。

UBER之前在中国攻城略地，每到一个城市一定会有一个特色化的一键呼叫营销活动，寻找合适的品牌跨界合作，以最低成本获取高曝光量。一键呼叫英雄专车(广州)、一键呼叫人力车(北京)、一键呼叫直升机(上海)、一键呼叫明星等，征服了一群又一群的用户。

以前总说，酒香不怕巷子深，但在信息爆炸和产品充沛的今天，酒香还真怕巷子深，那就一定要营造策划，一炮而红。这对于公路客运企业升级的定制客运和转型的现代旅游、现代商业等方面尤其显得重要，毕竟这些市场是充分竞争的成熟市场，好企业太多，好品牌太多。

销，就是真正的销售，卖产品了。公路客运企业除缺乏高级营销人才，整体企业的员工团队缺乏走出去主动销售那种专业精神和素质，毕竟之前只要做好的是服务。通过组织机制重塑和改革绩效导向，可以打造出全新的适应市场的文化和价值观。员工走出去，靠说教，是没有用的，只有靠文化和价值观。

## 五、维护客情远比新开发更重要

新的服务产品较之传统服务产品的顾客获取成本要高很多。

比如,定制客运服务的成本,要涉及 APP 等推广成本、促销活动成本、产品研发试错成本等等,但传统客运产品几乎没有成本。如果说,付出了较高成本获取的客户由于服务上缺失而导致客户流失,甚至乘客再次选择回到传统服务产品,那么,再次获取客户的成本将会更大。这种流失积累所造成的负面影响将会对新服务产品后续发展形成巨大的障碍。这正是市场营销的黄金法则:开发十个新客户,不如维护好一个老客户。

# 转型升级其实不需要那么复杂，请简单思考

对于公司来说，最重要的是什么？

利润？员工的幸福？品牌？战略？商业模式？

我认为都不是。

我的答案很简单。

不断打造广受欢迎的产品，除此无他。

——森川亮《简单思考》

“经商不是打仗”。客运企业不能总是紧盯所谓的竞争对手，所谓的黑车、网约车、高铁等。如今，大多数的客运企业言必谈这些竞争对手，看似客运量下降都是被抢走的。竞争不是经营本质。打击黑车、围堵网约车、追速高铁都是徒劳的。这些都不是本质。

客运企业经营愈发艰难是因为客企所提供的出行产品不能满足用户的需求。

客运企业需要反省的是，我们是否一直把目光盯在用户身上，我们对用户出行感受是不是麻木的？有做过专业的用户体验分析吗？甚至是，有多少企业中高管定期不定期去体验自己公司的出行产品？

不能感知用户出行需求的变化，不具备将这种感知实体化的能力，最终不能满足用户需求的客运企业，凭什么要活下去。

不断舍弃“成功”

是提高自身市场价值的唯一方法

——森川亮《简单思考》

部分客运企业充分认识到自身出行产品的不足，这个不足是针对客户价值。于是，行业内就出现了定制客运等新型的客运业态。

这是客运行业迈向竞争市场和创新模式的第一步。

要注意的是，在开发和运营满足用户需求新产品和新业务时候，千万不能老瓶装新酒，这样即使再创新的产品或业务或许也无法成功。这是因为体制和机制、团队和文化等这些企业生态系统环境不对路子。

一个创新性业务或产品需要与过去成功的产品或者业务分割开来，建立起隔离墙，杜绝老的、旧的生态因素侵蚀新业务和产品的发展。

不过一些客运企业连定制客运等这些新业态的尝试都不敢。还是紧抓过去的成功不放，害怕创新的失败，害怕失去过去的资产，进入到“守成”的模式，执着于一成不变，以不变应万变。

如此，不被淘汰，那应该淘汰谁？

要知道，大润发如此成功，大润发创始人还在流着泪说，输给了时代。

质量×速度——令这个乘式的值最大化

是取得一切商业成功的法则。

——森川亮《简单思考》

客运企业除了班线客运大多有些副业，这些副业无非是旅游、物流、房地产、商业等，随着客运的下降，这些副业逐渐成了转型的方向。

但我们会发现，绝大多数客运企业转型这些产业所走的模式还是一种线性增长，且无论在质量和速度方面都无法跟上转型需要，寄希望于其在规模和效益上成为主业还任重道远。

为什么？哪里出了问题？

## 一、领导者有梦想吗？

客运企业的领导者有自己的梦想吗？能否用自己的梦想去推动人一起去满足客户？

领导者需要选择做的是走在这团队的最前列，能用梦想引领这个团队的精神领袖，还是只会靠职权指挥他人做事的那个“大人物”？

森川亮说这个最为重要。

## 二、企业变成了“动物园”了吗？

过去的黄金十年，客运企业日子太好过了，经过这个黄金年代的员工有一种绝对的优越感，因为自认为创造了辉煌。很是幸福，很是安逸。

但可怕的事情是，如此这些，论资排辈等则成了不可撼动的、坚不可摧的钢铁围栏，企业就变成了谁也逃脱不了的“动物园”。一部分人安逸地躺在动物园里晒太阳，超级幸福，且骄傲着；一部分还怀有热情的人躁动且无望。

试想，企业成了“动物园”，员工成了“动物园”中被饲养的动物，还会那么拼命地为了生存而战斗吗？

同样是一只老虎,动物园里的老虎和原始森林的老虎,可完全是两个“物种”。从企业执行力上看,前者充其量是只猫而已。

三、是从一无所有中磨炼成长的吗?

客运企业过去了有了很好的积累,尤其是诚信品牌、资金资源等,这些都为转型发展提供了很好的保障,是转型发展的前提。

企业的转型从一开始就是置身于资源丰富的环境中,但这并不是值得高兴的事情。

过于丰富的资源极大降低了对经营团队创业能力,让经营团队极度缺失紧迫感和饥饿感。

“有资源能做得了,没有资源做不了。”“做不好,是因为资源没有配置到位,人力在哪里?物力在哪里?金钱在哪里?”如此,团队得不到十足的成长,但却养成了骄傲和浮躁。

要知道,任何的创业哪一个不是从0开始的,从0到1,靠的不仅是资源,绝大部分靠的是团队的信念、热情和执着。

给转型产业配置充足的资源是一种战略,是一种锁定。当然是一个好的条件。但需要改变的是,企业要建立起“有没有他一个样”战略自信,需要建立起“有没有他一样”的企业生态系统。

转型业务在质量和速度上不足,这是表象。真正的本质在哪里?或许就在业务背后的那套企业生态系统吧。

从任何事物的本质去找改革的切入点,这是转型成功的简单法则。

# 还在吃大锅饭？试一下阿米巴的经营方式

我们行业的客运企业都是每一个地区的"地头蛇"，各有各的厉害，也各有各的神通。但"地头蛇"鲜有大格局者。这源于道路客运的发展历史和行业属性。

作为任何经济社会的发展先行基础设施，任何历史阶段要有道路客运作为基础，道路客运是传统老行业，绝大多数的客运企业有着几十年的历史，号称新企业的客运企业也要有十多年的历史了，绝大多数从国有体制演变而来。

如此，客运企业无论是改制的，还是没有改制的，都深受国有体制的影响而无法自拔，这是行业共同存在的问题，是阻碍行业创新变革自大的障碍。

这种国有体制或者国有文化的影响主要体现在组织结构和管理方式的落后。组织结构上层级化严重，官大一级压死人；管理方式上的大锅饭，缺少目标，甚至没有目标；缺少激励，甚至没有激励。更可怕的是，做事的，或者对自己有要求的，成了群体中的异类。

如此，劣币驱逐良币，有点能耐的，或者对自己有要求，大多用脚投票，另投他山了。这是一种体制或者文化的悲哀，更是将行业推入谷底最大的无形力量。

真的是没有不好的行业，只有不好的企业。

对于行业中那种懒汉式的叫嚣，真是反感至极。长期受体制的毒害而造成的无能，各种丑态一览无遗。

好的企业应该拥有大格局，要有远见和勇气，建立目标，围绕目标去深度变革，是为未来。

从历史的角度看，只有既得利益代表的是落后，历史必将击碎既落后，既得是保护不住的，只会丧失所有的机会。

本来还有机会，在现在的基础上深度变革，创造新成长，这是一种继承和发扬，但如果为了现在不去勇敢变革，没有新成长，现在会快速灰飞烟灭。

不改变，那只能让历史来见证。再多的怨气也好，叫嚣也好，也只会成为让人唾弃的最后呻吟。

国有体制或文化改变非一日之功，但改变一种管理方式或者经营方式或许是撬开一个面的楔子。可以尝试下前篇文章所言项目制。

我们更加具象化一点，就是可以引用日本盛和稻夫的阿米巴经营方式。通过这种阿米巴的经营方式，可以尝试打破大锅饭；减少资源限制和浪费，大幅降低经营成打破官僚作风，大企业病得到有效根治；干部的经营意识不断增强。

如何做到这些？

一是组织要再造，再进行划分。

如何划分，一方面是要围绕客户为中心进行再造，组织结构要扁平化。不能仅在车队上面，车队上面有安全机务部门，有调度部门,这些部门上面还有分公司,分公司上面还有总公司。做一次决策,层层审批。客户声音无法传递到决策层,内部问题甚至闷在锅里。

另一方面是要围绕经营区分利润中心、成本中心和费用中心。车队要直接面对市场,成为利润中心,不能只是一个成本中心,而只是让分公司成为利润中心。安全机务部门要作为费用中心,考核费用中心,让安全机务部门不是那么高高在上,而是要主动做好服务。调度部门要利润中心,要通过二次优化来创造利润。

二是建立交易关系,实现内部市场化。

要将利润中心和利润中心之间要成为一种交易结算关系。集团内部要市场化,客运机关用车,也要按照市场价结算给车队,车队要按照市场价结算给驾驶员;车队的维修,也要按照市场价结算给修理厂等。这完全是一种交易结算关系。亲父子,亲兄弟,也要明算账。

要将费用中心与利润中心之间确立为分摊结算关系。办公室、安全机务、财务等,这些费用都要分摊到每一个利润中心。不然,每一个利润中心都会不断放大地要资源,要到资源之后,也不好好利用,造成资源的浪费。

要将成本中心与利润中心确立为投资回报的关系。不要不舍得成本的投入,如果或将产生更大的回报,那就一定要投入。评价是否值得投入,要看进步性,能否持续精进,要看公平性、主要投入产出比。

三是强化组织目标考核。

划小组织单元,建立交易结算关系后,就要围绕战略科学确定目标，并强化对目标的考核。经营管理，首先是经营。经营是有刚性目标的，一切评判组织和人才标准是以经营目标的达成为唯一准则，一切以数据说话，没有其他。

很多企业是，没有经营目标，即使有，也没有形成足够的刚性，即使有刚性，也没有形成体现公平性、进步性和贡献度的经营目标。如此，经营目标的权威性，经营目标严肃性就会大打折扣，也就变成了茶余饭后的话题。

# 客企转型升级需要掌握七大关键战略方法

## 一、承认并有效传导企业发展所存在的危机

任何一家公司成功实现改革必不可少的前提条件是，公开承认自己所面临的危机。如果员工不相信企业有危机存在，他们就不会做出牺牲来实施改革，因为对任何企业员工而言，无论职位高低，改革都将意味着不确定性和潜在的痛苦。

在如今的形势下，绝大多数的企业是承认面临的危机，不必怀疑所有员工都认识到危机的真实存在。但承认不代表认知，不代表转化。

另一个方面，绝大多数企业对企业存在危机的承认和理解是泛泛的。对于危机的范围、严重性以及影响，对于如何终止这一危机，如何从战略上、模式上和文化上进行全面改革创新，即终止危机的方法等缺少针对性的传导。

## 二、为每一个业务单元制定务实、以市场为导向和高度有效的战略

企业做战略往往有些时候过于想象化或者说过于口号化，这种战略对于企业未来发展不是好事。

客运企业的战略一定要以市场为导向的，而不是一味强调自身优势，所谓的优势不具备市场能力，也谈不上任何竞争优势。

其次，战略要务实、高度有效，这种务实除了体现战略目标上，更重要的是体现战略举措上，组织构架、人才保障、资金筹措等诸多方面都需要针对性措施。

战略的头等大事，本质上还是要围绕盈利展开，因为任何一个战略不是为了培育而培育，而是为了未来的盈利。

## 三、再造一个可以快速执行落地组织体系

组织的有效性在于组织可以高效且快速执行，那么组织的目标、目标的可测量性必须非常清晰，组织的每一部分都必须为目标实现承担责任，同时，为实现这个目标做出贡献。

一个可快速执行落地的组织，首先要有最短的层级，或者说是扁平化，由于人才缺乏或者职业化素养低下，所以，对于传统客运企业而言，要改革组织，就是扁平化，不可以过于层级化，过于层级化导致的是执行不落地。其次，组织边界要非常清晰，不可交叉，每一个组织部分之间采用内部市场化方式操作，避免相互推卸责任。最后，组织考核要具有十足的刚性，组织考核协议就是组织考核关系中的最大法。

## 四、将成本降到竞争对手的水平

对行业外而言，客运企业更多地像是一种官僚机构，机构和组织臃肿或许是常态。客运企业转型必须要做到精兵简政，也就是必须将成本降到竞争对手的水平，才能在新的竞争格局下处于不

败之地。

客运企业瘦身已是势在必行,关键是要引入单员产出效率的评价指标,要做到每一个人都要有高水平的产出。只有这样,才能避免出现劣币驱逐良币现象发生,通过单位产出的衡量,让那些混日子的慵懒之人无处藏身。

## 五、邀请员工自己改变企业文化

企业文化是企业发展的灵魂。坦率而言,改革者最大的难处是企业文化,要知道,去改变数百人、数千人,有些客运企业数万人的思想态度和行为模式是一件非常难以完成的任务。更多客运企业的员工是习惯于等级制度,不愿意为公司事务承担个人责任,更愿意等着要我做,而不愿意主动去做。尤其是,过去的黄金十年让客运企业管理者形成了强大的所谓自信,这种自信让文化的改变更是难上加难。

99.99%的改革者是没有能力去改变这种企业文化的,不是说改革者下令取消这种公司文化,也不能下令创造一种文化。改革者要通过明确市场现实以及目标,提供内部激励,邀请员工来改变企业文化。

## 六、重新制定工资绩效激励政策

转型难以的落地原因中排在第一位的是企业没有好的激励政策,862 人投票中 532 票投了这个原因,投票率达到 61%。

可见,吃大锅饭的问题成了当下客运企业普遍现象。主要表现为:一是各个级别的工资待遇主要是固定的工资组成,辅以很好的奖金和部分工资绩效；二是工资待遇差别很小，工资待遇和企业经济状况没有任何关联。

从另一方面看，传统的客运企业，尤其是国企也普遍采用的是一种家族式的管理模式，为员工提供了一种保障式的环境，在这样的环境中，这种非绩效的导向而不是绩效导向会更加重要。

但是在新环境下，旧体制严重脱离市场现实，这时候就需要快速建立起现代企业管理模式，强调绩效为导向，建立起一种完全的绩效工资制，而不论忠诚度和资历如何。

也就是说，我们所有的支出都建立在市场的基础上，员工个人收入情况会因市场的变化以及自己各自不同的工作绩效而呈现不同的水平，员工的奖金也建立在业务绩效以及个人贡献基础上。随着个人在这些方面的差异，奖金数额也有所不同。

## 七、改革者要亲自体验客户接触面

改革非常重要的一点就是要考虑到供给和需求两个现实情况，而不是不顾一切地照搬照套。

领导者要在企业内部各个部分走走，领导者对于企业的了解不能只建立在对总部员工印象的基础上。只有走到各个部分才能将了解各个部分的真实情况。每一个部分是否是企业整个供应链中无效多余的环节，是否是转型战略中的重点，是否存在机构臃肿、效率低下的问题，这些都需要去现场了解才能果断决策。企业领导者尤其需要在服务接触面上服务环节走走，甚至是亲自体验。

The Surging Age
of Traditional Transportation
传统出行的激荡时代

第七章

# 组织文化

# 回归企业本质，才会方向正确

企业是什么？

企业是因为利润而存在，只有创造利润才能有存在的意义，一个不创造利润的企业是没有存在价值的，是对有限资源的浪费。但如何才能创造利润？那就要知道利润从何而来。

是因为，企业给客户创造了价值而带来的回报。但利润有大有小，这取决于企业效率，单位要素产出大，其利润率一定是高于行业平均的。

但有一个问题，企业有什么能力能够给客户带来价值以及带来超出客户预期的价值，且这种能力超出行业平均水平，这或许就是核心竞争能力吧。

每一个企业不要总是固守过去的东西，自视过高，也不过总是处处看着别人的好，妄自菲薄。

企业要发展，始终要盯着两个方面看：

一是要盯着客户看。

客户变了，你却岿然不动，只取灭亡。这里要强调的是，不要强调各种所谓的主观和客观的原因。

企业本质上有没有一种初心和精神，始终要为客户创造价值。

传统企业只是停留在供给时代，就是盯着自己的一亩三分地，能够种什么，那就种什么，然后卖什么，明知市场不需要了，还在一厢情愿，又岂能怨天尤人。

在一个以客户为中心的企业里，他们从不讲这个市场是我的，那个市场是你的，只要客户需要的，都是企业去努力创造。

讲讲出行，一些所谓的独角兽，先开始从出租野蛮生长，再做专车、顺风车、代驾、租车、单车等，哪一个市场就是一定是谁的吗？简单一点，围绕客户出行而做就可以了，以客户为中心而不断衍生，打造属于自己的生态圈。

谁说这个市场非得是你的，不是我的，只要是我的客户需要的，就一定也是我的。

另一个方面是盯着自己看。

首先，不要总是盯着所谓的独角兽企业，不要总是盯着那些高大上的东西。任何企业都有起成长的逻辑，成长经历的环境都是没有办法重新来过，是偶然的必然，是必然的偶然，不要羡慕他们，也不要害怕他们。

要盯着我们自己，自己的核心能力在哪里？存在的价值在哪里？把自己强的部分再强化打造，让长板更长，总是有你存在的价值。

其次，任何有前途的企业，都是野蛮的，是一个狼群组织；任何有前途企业的每一个人都是一匹狼。只有那些行将就木的企业才会处处是禁忌。

凭什么传统企业处处受阻，是政策，是外在的因素使然吗？关键还是企业固守自身，知道无路可走了，但也不愿意去改变，却总是寻找外部环境的借口,政策限制就是最好的借口。这样企业进入了内在翻江倒海、外在固若金汤的扭曲的状态。

那些行将就木的传统企业就变成了“三分之一讲政治,三分之一讲安全,还剩下三分之一搞经营”,更无奈的是,搞经营的,又有多少在真正搞“经”和“营”呢?

为什么所谓的互联网企业个个总裁都是“90 后”,为什么传统企业就是按资排辈?年轻人都是一样的,就是环境造人,什么样的环境造就什么的人。同样的年轻人,输在了起跑线上,输在了环境上。

为什么传统企业中个体的价值回报就是低,为什么不可以以价值创造作为衡量,在这个“85 后”,甚至“90 后”进入主战场的时代,所谓的企业忠诚已无法留住人了,他们最忠诚于他们的个体价值,个体于企业价值中发挥了作用,创造了发展和价值,就应该得到同等的个体回报。这才是留住人才的永恒且有力的法则。

企业核心竞争力的打造靠的是人,企业到底能吸引多大的人才,这些人才能发挥多大的作用,取决于企业的体制和机制,企业的体制机制最终取决于企业的文化。

为什么传统企业打不过互联网企业,归根到底是,企业文化不一样。互联网企业崇尚目标、效率,其他都不是事,极端点讲是,为达目标不择手段。传统企业首先讲的是秩序、规矩和权威,而不是目标和效率。

就如,世界的战争,其实是世界不同文明之间的战争一样。

那么,企业改变就是先从企业文化改革开始。或许就从少一点禁忌、少一点规矩开始吧。

就谈企业本质吧,不谈客运行业了。

不过还是想说的是,客运企业,请您回顾企业本质,勇敢变革,因为每一个人都期盼着,不为了别的,只为了大家都需要一个更美好的生活。

第七章

组织文化

# 组织能力提升，才能战略落地

公路客运行业已经掀起了一股行业转型升级的思想浪潮，某种程度上，公路行业转型升级的战略方向是有共识的，班线客运向定制客运升级，企业实现纵向和横向一体化延伸，向现代旅游、现代物流、商业地产等产业领域实现多元化发展。

既然战略方向已经明确，一些企业也已经走在转型成功的路上。

## 案例一：首汽集团

2015年9月16日首汽集团推出“首汽约车”APP，首汽约车车辆全部为政府许可的出租运营车辆，将其旗下的巡游出租车辆整建制升级为首汽约车，同时，在与专车市场中USD的竞争中，丝毫没有看出其老牌道路客运国企的基因，无论是技术、营销还是服务等诸多方面均是可圈可点，国宾级品质服务的承诺深入人心。尤其是去年年底以来各地网约车新政的出台，首汽约车作为合规网约车的先行者，走在了“政策红利”的快车道上。

首汽专车独特之处的核心是依然保持着车队管理的模式，这种脱胎于传统出租车的管理模式，并不因为传统而褪色，仍归有生命力,这也是 B2C 类型网约车的优势,在组织架构上依然把单车管理归到车队集中,这样可以团队作战,突出品牌优势。

首汽当初还有一个选择,就是保留出租车,另起炉灶做网约车,但首汽还是坚决地放弃了这一选择,或许他们觉得传统出租车是鸡肋,已经不赚钱,但更重要的或许是,首汽体系内无法相容和并存两种运作方式,作为市场化程度最高的之一的专车市场将会对整体组织体系形成巨大的冲击,无论是价值观、企业思维还是体制机制,进而与传统业务市场在一个体系内形成巨大的矛盾。

首汽索性借这个机会,把传统巡游车整体转换到网约车,建立全新的适应移动互联网时代的组织能力,这一匹配和健壮的组织能力保证了首汽约车的战略有效执行,这绝对是一步好棋。

首汽集团在出行领域整体升级转型堪称传统道路运输行业转型的典范。

## 案例二:南通汽运

南通汽运将自身定位为江苏省率先、全国领先的现代服务业运营商,而不是单纯的道路运输服务商,这一深谙企业本质的战略定位能够在很大程度上保证企业能够寻求到高利润、高增长的转型行业空间。

2010 年开始,南通汽运转型农副产品产业,农副产品产业目前已经成功成为其半壁江山。近年南通汽运在转型旅游产业中逐步形成自身的发展体系,包含汽车团周边游、长线和出境游、OTA 门店代理等,其 2017 年完成上亿元的营业目标。

南通汽运在多元化转型方面堪称传统道路运输行业转型的典

范之一。

## 一、战略对了，不一定就能持续成功

中欧的杨国安教授有一个企业持续成功的公式，即持续成功=战略×组织能力，战略和组织能力作为乘法公式中的两个要素，缺一不可；企业失败，无非要么是战略错了，要么就是组织能力发生了问题。

战略对了，方向对了，不等于就能转型成功。任何企业的发展战略均不可能成为竞争的壁垒，更不可能成为企业的核心竞争力。如果过于强调和依赖战略方向的先导性，而无法迅速推进战略落地，行业转型仅存五年窗口期也就荡然无存了。错过了，就永远错过。这可绝不是浪漫的鸡汤，而是残酷的警示。

## 二、有钱、有政策不等于战略能执行

传统公路客运商业模式决定了公路客运行业资源型的产业属性。公路客运企业对上有余，对下不足。在转型的关键期，虽有一股清流已出现，但“等靠要”的思想仍旧横流，很多企业还在寄予希望于政府给予优惠政策渡过企业转型的难关。

但这是极其不现实的。

近半年以来，交通运输部联合相关部委接连发布的数个政策文件，核心词是“市场化”，就是要进一步加快道路客运行业的市场化进展，定价决策进一步下放，汽车站主体竞争进一步放宽，线路市场整合进一步放开。

公路客运企业要快速走出对过去过度依赖政策、资源实现成功的路径依赖。有政府政策的保驾护航，有了大量资金的后台支撑，都不是成功的关键，因为资金、政策等都不会主动执行战略的。只有团队和人才才是决定战略执行好不好的最关键的因素。

看看周边涌现的一些竞争对手，十几个人的小团队，却做出了一些高利润、高成长的道路客运细分市场的高市场份额。比如，机场接送车业务等。

传统的公路客运企业不得不进行反思的是，为什么它们没有强大的政策支持，为什么它们没有雄厚的资金，却得到了高市场份额？

我们不得不再反思的是，钱多、车多、人多，到底在战略执行中有多大的竞争优势？甚至进一步问，是竞争优势吗？

2017 年是“十三五”的第二年，公路客运企业都在大力推进全新战略的落地，但全新战略的落实不是靠口号就能实现，不是靠既有组织能力，而是依靠新生与战略高度匹配和强有力的组织能力。

组织能力是指“团队整体发挥的战斗力”。这种能力是深植于一个企业的内部，而非个人，不因个人之变而变，是一种内在的持续能力；这种能力能够给客户创造价值并得到客户的认可，这是为什么公路客运企业既有组织能力不能适应新战略的关键原因所在；这种能力是要明显超越对手的，单纯在车辆规模、人员规模以及资产规模上超越竞争对手，这种超越只是阶段性的。

战略落地须有三大支柱支撑，分别是员工能力、员工思维模式和员工治理方式。

1. 员工能力

员工能力本质上是一个“会不会”的问题，即企业全体员工必须具备能够实施企业战略、打造所需组织能力的知识、技能和素质。

我们需要问的是：

公路客运企业转型旅游、物流、商业等，需要怎样的人才？这些市场化行业对人才能力和特质有哪些要求？传统公路客运行业人才与之主要差距在哪里？传统公路客运产业板块人才是否可以通过培训和实践来成功实现个人转型以完全胜任？如何引进合适的专业和市场化人才？能否留住专业人才？

冯仑说过，专业化的企业越做越省心，多元化的企业越多越辛苦。但对于公路客运企业而言，选择多元化战略或许是别无选择，因为主业已无增长空间。那么，多元化的公司的辛苦在哪里？最关键的还是团队的专业能力问题。

曾经有言，在市场化程度高的行业里，尤其是物流、旅游、商业等行业里，不同的职业经理人做出的效果是完全不一样的，成倍数的差异，甚至不是一个量级。

归根到底，专业的事一定要交给专业的人去做。无论是外部引进，还是内部培养，其专业能力，只要能够超越和跟得上企业战略所要求即可。

但在外部环境快速变化的今天，企业在使用内部培养方式，必须评估机会风险，毕竟内部培养的方式需要一个过程，而这个过程如果与窗口期相重叠的话，或许会贻误战机。

2. 员工思维

员工思维本质上是一个“愿不愿意”的问题，即团队所关心、追求和重视的事情与新战略目标是否匹配。

我们需要问的是：

在外部环境剧烈变革的时代，公路客运企业员工应该具备什么样的思维模式？是从坐商的思维变革为行商的思维，再用互联网思维来武装每一位员工？要具备什么样的价值观和企业文化？是类行政官僚式的价值文化，还是利益共同体的价值文化？如何落实这些价值观和企业文化？

南通汽运将全员培训、营销和奖励作为发展旅游始终坚持和常抓不懈的基本政策，激励着全体员工将旅游产品推广作为自发的行为。南通的大街小巷都可以看到穿着站务制服的员工手拿宣传册向广大市民推广旅游产品的动人场景。这种深耕于企业员工持续自觉打拼的企业文化值得行业学习。

3. 员工治理

员工治理本质上是“容不容许”的问题，即企业必须提供有效的管理支持和资源才能容许团队和人才充分施展所长，以执行战略。

我们需要问的是：

在新的战略要求下，如何设计支持公司组织构架？是将转型的市场化产业寄生于客运体系之下，还是用完全市场化方式打造一个全新的发展体系？如何平衡集权和分权以充分整合资源？对于完全市场化产业是全过程集权管控，还是只是管控好战略层面的共性后台，比如，战略、财务、HR、IT 等？或者实行分类战略管理，针对不同行业，不同的企业类型，有选择地采取战略管控、财务管控和运营管控等？公司关键业务流程是否制度化和标准化？是否单纯地取决于个体的操作能力，而不是团队整体作战能力？在客户需求个性化的时代，所有的业务流程还是层级制的吗？这种层级制的组织体制是否能够适应客户快速响应的要求，是到了扁平化的时代吗？发展资源都掌控在上级层次吗？任正非讲的让听得见炮声的决策，是否适合公路客运企业？

一朋友为某上海一地方国企下属一个投资基金的负责人，当被问道，一个国企在发展这种高度市场化的前沿业务是否会有基因和制度瓶颈？其答道，这类企业在发展这类市场业务能够将其国企的品质和优势凸显出来，其余所有的发展机制和民企等没有任何差异。给出的理由是，不按照市场治理机制来进行运转，是聚集不了人才的，所谓发展更是无从谈起了。所言甚是。

最后用任正非和陈春花的两句话来结束本文探讨：

“如果你要转型一定是脱胎换骨，你不脱胎换骨，你没有办法转型的。”

——任正非

“转型是一个内生能力的获取，就是在你转型的时候一定要把自己的内生能力打造出来。当你内生能力打造出来的时候，你可能就能看到未来可增长的空间，这样的增长空间才是你要做的事情。”

——陈春花

# 组织文化改变，才能改革彻底

有人谈及公路客运企业改革，说："作为传统企业的代表，运输企业最重要的是改变观念，并进行彻底的变革。"言下之意，客运企业的组织文化需要彻底进行变革，通过思想变革来带动整个组织变革。每一个组织都有着自己的独特的组织文化，客运行业和企业也不例外。

我们简单总结归纳了客运企业以下三个组织文化特征：

1. 本地文化

客运行业呈现的是区域分裂发展的格局，客运企业相互以邻为壑，楚汉分明。地区主流的客运企业大多独享了地区经济发展所带来客运黄金十年的红利。稳定的高收益、良好的现金流，让大多的客运企业油然而生一种天生的优越感，小富即安。大多企业发展视野均局限于本地，局限于本业。不能说是井底之蛙，但当行业遭遇到突变的现实危机时，单一的本地经营、单一的本业经营，对企业而言是致命的。

可以预见，五年内，行业大多数的本地客运企业都将进入到不死不活的状态。如同20世纪90年代，货运行业完全放开，大多本地的货运公司都相继进入剧烈衰退阶段，进而默默无名地勉强维系着。

早在2001年,深圳中南实业股份有限公司抓住中共十五大深化经济结构调整的历史机遇,制订了走出深圳、走向全国,做大做强的发展战略。这就是新国线组建的由来。深圳中南实业可谓我国客运突破本地局限、实施走出去战略的先锋。

2. 坐商文化

行商和坐商,是不带任何褒贬的。行商不一定就是绝对好,"坐商"也不一定不好。坐商有一个逻辑的问题,就是凭什么坐着等客。

靠纯资源性控制,必定要枯竭,资源的竞争能力效应是递减的。如同江湖老话,"出来混,迟早要还的"。

靠核心市场能力和品牌,这是企业始终保持数一数二位置的不竭源泉。如同班线客运,是旅客不得不来,还是旅客打心眼里想来,这是完全不同的逻辑。胜与败,都取决于对发展逻辑的选择。

对于黑车的态度,同样也是这个逻辑问题。沙龙留言对黑车可谓是群起而诛之,但整日在骂"黑车",在打"黑车",而不是寻求增强"白车"的市场竞争力的有效解决方案,那么,这种的"坐商"文化确实是致命的,不可救药的。

杰克·韦尔奇一直在追求成为数一数二的发展目标,其在自传中,有这么一段论述:"如果对这项业务的长期竞争力没有有效的解决方案,那么终有一天业务会陷入困境,这只不过是个时间早晚的问题"。

是的,不过是个时间早晚的问题。

3. 层级文化

传统的客运行业是资源性的行业,一切按照条条框框运转,按照层层级级来管控。

这种层级文化造成的问题有两个：

一是市场的敏感度和洞察力不足。如同穿太多的毛衣一样，毛衣就像组织层级，每一层毛衣就会隔离一层，即使再冷的天气，穿了四五件毛衣时，就很难感觉到外面到底有多冷了。又要谈谈黑车。乘坐黑车的旅客，为什么旅客明知山有虎，偏向虎山行？黑车的老板一定是在某些方面第一时间抓住了旅客的需求点，这恰恰是客运行业转型需要抓住的“牛鼻子”。而我们的主流客运企业层层级级、自下而上的传递，到底知多少呢？

二是组织的协同作战能力不够。如同一幢楼房，楼层好比组织的层级，房屋的墙壁如同各职能部门之间的障碍，等级和层级极大地限制了战斗力提升。是否需要拆除这些楼层和墙壁，创造一个更加开放的空间，让思想可以自由交流，让计划可以一致行动？

道理都是简单的，但实际行动是艰难的。对于层级文化，对于层级组织，管理中总是又爱又恨。如同一个烂苹果，总是不舍得扔掉，总是被动地去削掉一点点烂的部分，随着市场形势的进一步恶化，再回过头来削掉一点点。

德鲁克说过，“没有人能够左右变化，唯有走在变化之前”。市场永远不会等待，只有企业走在市场前头，才会有未来，否则，也是避免不了进入不死不活的状态。

或许，是到了该扔掉一个烂苹果的时候了。

一个组织的文化，决定着这个组织能够成功应对瞬息万变的外部环境，处理日益激烈的竞争、新技术、人才管理和多元化问题。客运企业真的需要彻底改变上述三点共性的组织文化，在继承好的文化的基础上争先重塑适应时代的企业文化意识，为客运企业的转型升级保驾护航。

这三种组织文化意识关键词是：

1. 生态链下的引领与跟随

任何一个行业的圈子必将是有生态的，是存在生物链的。如果无论是狮子、兔子还是刺猬，都只是在自己的领地，称王称霸，且不同领地之间老死不相往来，其实自然界是没有办法进化的。其实，客运行业也是如此。全国范围内由行政割裂开来的地区市场将被打破，不是行业内的人来打破，就是由行业外的人来打劫并打破，事实已经发生。

由此，资源要素将会在地区间自由流动，市场终将不再分割，成为一个统一市场，客运行业的生态链将开始形成。

客运企业要充分认识到生态意识的重要性，这决定了企业应该采取什么样的发展战略和策略。要充分认识自身的能力，充分评估自己是否能够进入行业前列的位置，如果能，就要采用引领战略，在某个方面的改革和创新上走在行业前列，起到引领带头的作用；如果不能，就是要彻底丢掉那种"宁做鸡头，不做凤尾"的迂腐的思想意识，采用跟随战略，与行业领导者合作，成为领导企业所要打造生态链中的一部分，实现共赢发展。

2. 市场要行动，不是喊口号

"如果用传统客运的思路开展游运结合，这是条死路！不要奢望以游客来弥补当前旅客的不足，这是两个不同的消费群体，当前又是一个供远大于求的时代，顾客为王！找到顾客是第一位的，怎么到达目的地有着太多的选择，已非我们能够主宰，既无价格上的优势，又无时间上的便捷，更无服务的配套！设计出多样化的产品，以各种灵活的方式精准找到顾客，然后据于需求进行定制和服务，客运企业或许转型有望。”

3. 框架下的自由与责任

客运企业的转型创新需要建立在全新的组织架构和组织文化之上，而不是寄生在传统之上。尽管这些个传统大多经历了几代人的沉淀，所谓骄傲和荣耀的地方也只能是针对过往，但对于未来，丝毫没有了任何价值和意义。因此，在移动互联网时代，讲求的不是层层管制，而是建立一贯的制度，并赋予团队在这一制度框架下的自由和责任。这种责任和自由符合人性的内在，会爆发出可能连我们自己都无法预知的效率。

或者这就是为什么神州专车等这些互联网企业只要一个小小团队就是能让一个大区的成千上万驾驶员和车辆高效、高质地提供服务的原因所在。这是科层级和官僚式的管理所极不可比拟的。

客运企业要快速采取措施以避免官僚主义和等级制度，取而代之的是建立纪律严明的组织框架，要求团队严格服从和遵守公司制定的制度，严格对目标任务负责，切不可采用模糊目标的制度，同时，强化人力资源培训，使得团队训练有素。在这个前提下，赋予团队充分的自由，在这个框架体系下的自由，让他们充分发挥人性的潜能。

变与不变，就在今天。别让组织文化成为一道不可逾越的障碍，别让转型升级成为一个美丽的幻想。

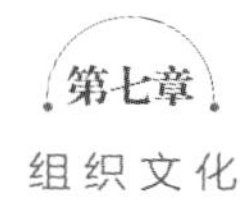

第七章

组织文化

## 组织结构调整，才能执行有力

客运企业在人们印象里大多都是老企业,很多的企业的组织结构可谓是一成不变,甚至延续计划经济时期的结构。

传统企业组织结构存在的弊端显而易见。主要表现为四个方面:

一是层级化。从运营第一线到最高领导的层级过多,最高层听不见第一线的炮声,最高层的精神和要求贯彻不到第一线,层层弱化和执行偏离现象或许成了一种惯常。

二是官僚化。这就是如陈春花教授所言,“面朝总经理,屁股对着顾客的结构”,不是华为奉行的“以客户为中心”,而是“以长官为中心”。

三是权力和责任不匹配。传统企业结构下,企业内部组织更注重权力索取,而趋向于淡化责任,虚化考核。每一个内部组织习惯相互埋怨、推诿,每一个内部组织都负责,本质上都不负责。

四是传统客运企业组织架构通常是封闭和稳固的,带来的是人力资源系统的死板和僵硬,“温水煮青蛙”“论资排辈”就这么来了。

陈春花认为,企业的组织结构设计与四个要素相关,这四个要素是战略、环境、规模、技术。我们尝试按照这个框架来分析客运企业的组织架构问题。

一、战略

时至今日,客运行业转型共识基本形成,客运企业已开始觉醒,大多确定了相关多元化转型的战略。但随着战略执行的深入,很多企业突然发现可能离战略愿景和目标渐行渐远,这是为什么?

如百度做定义的什么是战略,其将战略分为公司战略、职能战略、业务战略和产品战略等几个层面的内容,但客运企业在发展过程中大多是忽视了与其他战略相配套的职能战略制定和调整。职能战略首当其冲需要解决就是组织架构的确定,如此,才能稳定高效地提供支撑服务。

战略对头了,就是我们非常知道要做什么事情,也非常明确为什么要做这件事情,但是我们战术层面可能出问题了,对怎么做这件事情还是比较模糊。其中,很关键的是,组织架构不能保障战略的执行。

对于大多业务模式单一的客运企业而言,如果确定了相关或者完全多元化战略以后,势必进入完全不同的行业领域,尤其是完全市场竞争性行业。

但在组织架构上,如果还是依照客运企业顺藤下来,由原来管理客运的内部组织机构来发展和管理新兴业态,显然是不合适的。无论是发展思维、专业能力还是行业经验等方面都无法跟上新业态的发展要求。老话是真理,“隔行如隔山”。那么,就务必需要设

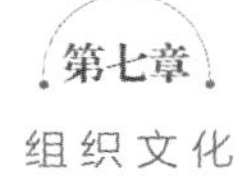


立新的组织机构来主导新产业的发展。

湖北道路运输行业首家上市公司宜昌交运确立了打造集旅客运输服务、旅游综合服务、汽车销售与售后服务、现代物流服务为一体的产业集群的业务战略,相应地在组织架构上采用事业部制的架构,设立了道路客运事业部、旅游发展事业部、汽车营销事业部等,专司各产业规划和发展。

这种组织架构下,高层管理可以将精力放在战略层面,各事业部是各项边界清晰的利润中心,可以在一定的授权范围内自主经营,各司其职,权责清晰。尤其值得关注的是,专业的事业需要专业的组织和专业的团队来做,而不是由原来的客运发展职能部门来承担。

这是对行业发展规律的敬畏,是对市场规则的尊重,如此,才能快速进入发展轨道。

二、环境

客运的需求环境发生了剧烈变化。客运企业如果不能围绕旅客出行需求变化为中心,必然使得客运企业的业务战略与出行趋势发生背离。

部分客运企业目前还是一头埋在传统班线客运模式里拔不出来,对于定制客运等新业态一无所知,那就只能在传统圈圈里剩下一声声的埋怨。

我们坚持认为,定制客运是客运业态的唯一出路。所谓定制,一定讲求的是灵活(机动)、快速(响应),呈现小批量的形态,是一种完全的,百分百以旅客具体需求为导向的服务业态。

如果这种服务业态照搬传统客运班线业态的层级化的组织架构来操作的话，是完全格格不入的，如此，服务能力和服务响应就会问题不断。一个客户问题要层层向上传递，等到上层决策，黄花菜都凉了。

这就是为什么市场中的一些小的出行服务企业，在某个具体出行场景中做了很高的，甚至是垄断的市场份额。可见，一个好的组织架构对业务战略执行起着关键性的作用。

## 三、技术

之前我们提到道路客运也进入移动互联网的下半场。技术创新应用正打破客运企业用几十年积累以来的行业壁垒。诸如车站、线路、车辆等所谓客运企业的核心资源要素在商业和技术创新广泛应用的潮流下变得不再重要，至少不是核心了。

客运企业家们牢牢地把着门，新技术的应用会避开这个我们自以为门槛很高的门，新造一个自己的门进入这个行业。这就是技术创新对行业带来的意想不到的冲击，按照惯性思维根本无法企及。滴滴、神州等就是如此。

那么，是到时候了！是时候去学习一点滴滴、神州专车等组织架构的一些做法。

它们绝不会是几十个车一个小组织，然后再层层往上，它们一定是成千上万辆车在一个车辆池中，一个十几个人的团队利用各种技术手段实现对这些车辆、驾驶员的管理和服务管控，同时，他们对个体的考核绝对不会平均主义，一定要求的是上封顶的政策，它们一定是组织的每一个环节都会实现 KPI 考核，并会对应到每一个人头上,等等。

那么,我们要问的是,传统客运企业在实操新业态的时候,我们采用的组织架构与它们到底不同在哪里?我们在运营效率上到底差在哪里?或许大家都知道差距在哪里。问题是,我们是否真的敢于去打破固有组织架构?

最后,用杰克·韦尔奇在其自传中的两段话来结束本次的探讨:

“我曾用穿太多的毛衣来做类比。毛衣就像组织的层级,它们都是隔离层。当你外出穿太多的毛衣时,你就很难感觉到外面的天气到底有多冷了。”

“我把公司比作一幢楼房。在我看来,楼层好比组织的层级,房屋的墙壁则如同公司各职能部门之间的障碍。公司为了获得最佳的经营效果,就必须将这些楼层和墙壁拆除,以创造一个开放的空间,在这个空间当中,各种各样的想法都可以自由流动,而不受任何等级或职能的限制。”

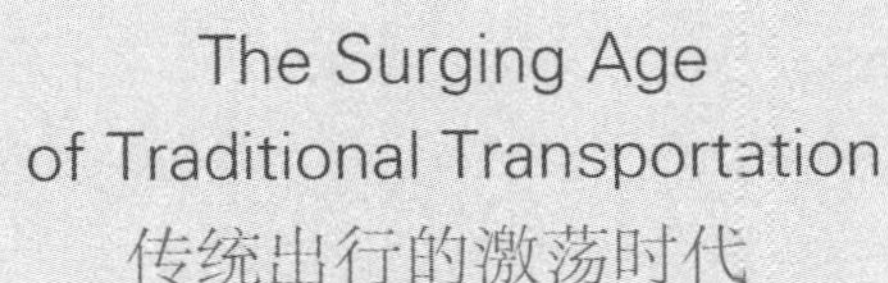


第八章

# 上 市 公 司

## 海汽之后，又一家客运企业上市，五年内还有几家可以上市？

2016年12月9日证监会按照法定程序审核通过了14家企业的首发申请,其中,上交所7家中包括来自新疆的公路客运企业——德力西新疆交通运输集团股份有限公司。这是继2016年11月海汽集团上市后又一家公路客运企业登陆主板资本市场。

官方网站显示,德力西新疆交通运输集团股份有限公司是新疆道路旅客运输行业骨干企业,前身是新疆客运运输有限责任公司。2016年位列中国道路运输百强诚信企业第89位。该企业2003年改制,由温州民营企业德力西控股68%,新疆维吾尔国有资产投资经营有限公司占股30%,是典型的混合所有制企业。

一个原本纯国有的企业,能够通过产业资本合作方式将控股权让渡给一个完全没有业务关联的民营企业,进而充分发挥民营企业机制优势和国有背景资源优势,实现了主板上市,这在中国公路客运行业是一次创新发展的尝试。

资本市场承载了很多先进的经济文明成果,在很多人的想法中代表着高逼格。而长久以来,我们公路客运行业给外界的印象是一个特别传统的行业,是需要一个轮子一个轮子滚出来的行业,是一个别人休息我们忙得没日没夜的受苦行业。不仅生产方式相对传统,而生产制度也相对传统。全国公路客运企业大多有着几十年的悠久历史,甚至很多与共和国同龄,放眼望去都是国有集体企业;最要命的是,运输经济学上尤其强调网络经济的这个行业,我们却是地区相对垄断,一个县一个客运公司。“国有体制 + 地区相对垄断 + 严格管制”,这三大因素使得公路客运企业相对自成体系。

时至今日,全国各产业环境都在变化,客户需求均在变化,企业也必须主动变化和变革。进入二十一世纪,公路客运行业出现了两个根本性变化:一个变化是从行业内体系走向行业开放,这个标志性事件是 2002 年江西长运登陆上交所;另一个变化是从行业发展的供给导向为主转变为需求导向为主,这个标志性事件是 2015 年巴士管家(车巴达公司)的成立。

原山西省委书记张宝顺讲过一句话挺有道理,他说:“开放决定命运,自闭等于自弃”。一个地区如此,一个行业、一个企业则更是如此。公路客运企业开始懂得借助资本市场的力量来推动企业的转型,从行业内体系走向对外开放,这是公路客运企业取得更大作为的开始。

记得 2012 年拜访一家 2004 年在新加坡上市的浙江民营企业负责人。当时,问她说为什么选择新加坡上市,想必也融不到什么钱。她的回答让我们至今记忆犹新,“要有全球视野,要与世界接轨,企业才能有大的作为。这是我们在新加坡上市最主要的原因”。

是的,上市无非几个目标:

一是融资。这对于还处于行业辉煌高点的公路客运企业而言,想必不是主要目的,毕竟客运主业的利润还足以支撑转型。二是规范。公路客运企业虽然传统,从规范性上面还是可圈可点的,这也不是主要目的。三是思维、规则、资源和平台对接。这是公路客运企业最需要的。公路客运企业必须转变思路,遵循现代商业规律和规则,对接企业转型稀缺资源,建好企业后台机制。只有这些改变到位,才能摆脱产业经济周期或者企业生命周期的宿命。

"十二五"期间,高铁所到之处,公路客运真是只能用惨淡经营来形容。瞬间公路客运企业危机意识骤然爆棚,纷纷谋求升级转型之策。但升级到什么程度,转到哪个行业,第一需要的,就是先建立开放的思维方式和通行的商业规则体系,要能够建立一个能够聚集各种资源,尤其人才资源的企业平台。如果还是按照用了几十年的老思路、老办法来做升级转型的话,那么,无异于叶公好龙。

上市,显而易见,是企业快速建立开放企业平台,获得竞争优势拥有竞争位势的重要路径。现实点讲,企业上市之后,就可以利用融资平台和资源平台实现对新产业的布局,为企业自身的转型升级提供保障。转型升级都是要有人才的,要有好的体系支撑的,转型更是要花钱的,上市公司可以帮助转型提速。在现在转型的关键点上,往往时间和速度是第一决定因素,过这个村真就没有这个店了。

另外,通过上市不仅倒逼和保障公路客运企业的升级转型,也最大限度上解决大多数公路客运企业的发展动力机制的问题。而后者也是大多公路客运企业遇到的最为棘手的现实问题。

早在2013年,当问到证券行业朋友谈及公路客运企业上市问题,一朋友直言不讳地指出,公路客运行业是一个夕阳行业,每年排队这么多(目前全国IPO排队600余家),是上不了市的。诚然,公路客运行业是一个夕阳行业,但可以肯定的是,不是所有的公路客运企业都是夕阳企业。还是那句老话,只有不好的行业,没有不好的企业。这是基于一个试问,公路客运企业为什么一定要以公路客运业务为唯一主业,为什么不能是一个像海航一样,是一个现代服务的综合运营商,其实,我们公路客运企业可以有更多的想象。

上市公司中的粤运交通、宜昌交运和龙洲股份的道路客运主业营收分别只占总营收的34.77%、22.79%和24.37%(表8-1),已经给我们做了一个很好的榜样。

**公路客运行业上市公司情况一览表** 表8-1

| 序号 | 公司 | 上市时间(年) | 股票编码 | 2015年主要业绩 | | | 主要业务 | 2016年百强排名 |
|---|---|---|---|---|---|---|---|---|
| | | | | 营业收入(亿元) | 道路旅客运输业务占比 | 净利润(万元) | | |
| 1 | 江西长运 | 2002 | 上交所600561 | 24.56 | 65.27% | 7713.7 | 道路旅客运输、道路货运、旅游业务等 | 10 |
| 2 | 粤运交通 | 2005 | 港交所03399 | 87.09 | 34.77% | 26600 | 道路客运、材料物流、高速公路服务 | 4 |
| 3 | 富临运业 | 2010 | 深交所002357 | 12.96 | 94.58% | 17965.2 | 道路客运 | 12 |
| 4 | 宜昌交运 | 2011 | 深交所002627 | 15.05 | 22.79% | 4781.27 | 道路客运、汽车销售和售后服务 | 38 |

续上表

| 序号 | 公司 | 上市时间（年） | 股票编码 | 2015 年主要业绩 | | | 主要业务 | 2016 年百强排名 |
|---|---|---|---|---|---|---|---|---|
| | | | | 营业收入（亿元） | 道路旅客运输业务占比 | 净利润（万元） | | |
| 5 | 龙洲股份 | 2012 | 深交所 002682 | 24.62 | 24.37% | 4478.2 | 道路客运、货运物流、汽车及配件销售与维修、油气业务 | — |
| 6 | 海汽集团 | 2016 | 上交所 603069 | 12.38 | 84.62% | 6957 | 道路客运 | 29 |
| 7 | 德新交运 | 审核通过 | 上交所 | 3.28 | 90.85% | 4261 | 道路客运 | 89 |

注：表中内容和数据均来自各上市公司公开报告。

或许在公路客运行业上行至最高点的区段是上市的最好时机。海汽集团和德力西新疆交运集团抓住了机会的尾巴。但今天开始从最高点往下快速下行的区段，还能有几家可以再上市？

百强排名第 89 位的德力西新疆交运做到了，不知排在第 89 位之前的那些没有上市的公路客运企业们有何想法？机会失去，就不会再有，但只要公路客运企业提早布局转型，做好卡位，最大限度降低公路客运下行对整体的影响，就可能成功转型现代服务业综合服务商。如此，想做一个上市公司，其实，真不是什么难事。

我们有理由坚信：有理想的公路客运企业不能只是繁荣十五年，要繁荣五十年，要做百年强企，要再活 500 年。

# 六大上市客运企业年报对比：透视一个行业的“攻”与“守”

道路客运上市企业年报基本披露完毕，在大升级、大转型和大融合的行业背景下，江西长运、宜昌交运、海汽集团、富临运业、龙洲股份等上市企业的年报还是有点看头。

每家上市公司年报里有着各自的坚守和突破，也藏着一些无奈和矛盾。这六家可以说代表行业典型企业所面临的现实，它们的年报对比，透视的是一个行业的“功”和“守”，挑战的是“现实”和“未来”。

2017 年的营收排名分别是；龙洲股份、江西长运、宜昌交运、海汽集团、德力西交运。龙洲股份营收最高，主要由沥青的供应链业务和汽车制造、销售和服务业务所贡献。这两个业务形态是贸易形态存在，前者应是供应链金融业务，因此，可以产生较高营业额。

扣除非经常性损益归属的股东利润排名分别是：龙洲股份、富临运业、宜昌交运、海汽集团、德新交运和江西长运。其中，江西长运是唯一个亏损上市公司。龙洲股份净利润构成中，物流供应链和汽车销售所带来利润贡献已经超过客运主业利润贡献，充分说明龙洲股份的转型是成功的。

道路客运主业占比从低到高排名分别是：龙洲股份、宜昌交运、江西长运、富临运业、海汽集团和德新交运。总体上看，其中主业占比较低的上市公司的总体业绩相对较好。如表8-2、表8-3所示。

**2017年道路客运企业上市公司营收和利润情况一览表** 表8-2

| 上市公司 | | 江西长运 | 德新交运 | 富临运业 | 海汽集团 | 龙洲股份 | 宜昌交运 |
|---|---|---|---|---|---|---|---|
| 营业收入 | 数值（亿元） | 28.32 | 1.97 | 10.75 | 11.05 | 47.51 | 20.37 |
| | 较去年增减 | 8.28% | -22.93% | -9.67% | 1.40% | 99.81% | 10.45% |
| 扣除非经常性损益归属上市公司股东利润 | 数值（万元） | -1734.19 | 1741.56 | 10589.24 | 4000.93 | 15437.55 | 4309.19 |
| | 较去年增减 | 不适用 | -35.99% | 13.30% | -35.47% | 475.98% | 4.70% |

注：以上根据各上市公司2017年年报整理。

**道路客运企业上市公司业务结构一览表** 表8-3

| 上市公司 | 江西长运 | 德新交运 | 富临运业 | 海汽集团 | 龙洲股份 | 宜昌交运 |
|---|---|---|---|---|---|---|
| 旅客运输营收占比 | 51.09% | 92.89% | 70.88% | 91.31% | 11.16% | 16.84% |

注：以上根据各上市公司2017年年报整理。

## 一、江西长运

货物物流服务和旅客运输都可以简单地归类为道路运输行业，现实是这两个市场有着完全不同的套路和玩法。

江西长运在转型物流方面有了规模上的突破。但或许也走了一些弯路。报告显示，2016年和2017年两年间共计提其下属深圳某现代物流公司应收债权近7000万元坏账准备。

此外,江西长运一方面在道路客运领域通过增资扩股、出资新设等方式加大了在江西省内布局和投资,且进入“互联网 + 客运”领域,投资 2.1 亿元建设两个综合客运枢纽站;但另一方面,江西长运以 1.8 亿元底价挂牌出让昌南汽车站,并最终以 2.09 亿元成功出售。这折射出客运企业对于道路客运主业的一种纠结和矛盾。

江西长运在所有道路客运上市公司利润和基本每股收益是最低,也是唯一一家亏损企业,这与其转型成效不佳有着直接关系。

虽业绩不佳,作为中国公路客运第一股,江西长运可谓是道路客运企业升级转型开路先锋,值得尊敬。

## 二、海汽集团

盘踞海南宝岛的海汽集团营业收入虽略有一点增长,但利润下降幅度较大,这充分说明主业的毛利空间在下降,同时,基本每股收益倒数第二。海汽集团坚定地死守着道路客运这一主业。同时,在当前的行业整体快速下行的形势下,海汽集团还处在大量建设汽车客运站阶段,2017 年投资巨大的海口汽车客运总站正式运营。

虽然海南的铁路建设只有环线,还没有实现四通八达。但必须认清的是,道路客运的最大挑战者不是高铁,而是网约车。抱着垄断资源建立的堡垒,在互联网时代,或许缺口已经被打开。

## 三、宜昌交运

宜昌交运的旅游业务、物流业务、汽车销售和售后服务业务已经开始具备企业支柱性产业格局。旅游方面,宜昌交运将“港、站、车、船、社”的旅游交通资源优势发挥得淋漓尽致,“交运两坝一峡”“交运长江夜游"和"交运景区直通车"等拳头产品成长快速。宜昌交运的汽车销售与售后服务已形成规模,正在运营的共计11家店。

宜昌交运能够在道路客运企业中凸显出来,与其组织变革不无关系,下设有旅游发展事业部、汽车营销事业部等,专司各产业规划和发展。最核心的关键因素是其坚持用不同行业的规律来发展,而不是顽固不变其客运经营之道。

众多的道路客运企业都在转型,但鲜有大成功者,这主要还是因为用客运老一套来发展新产业。组织架构纹丝不动,不愿意推进组织变革,最后只会高开低走,或不愠不火,甚至以失败告终,难以达到转型的终极目的。

## 四、龙洲股份

龙洲股份坚持以"道路运输产业持续领导者、现代服务产业价值创新商"为目标,实现战略引领。正是龙洲股份"现代服务价值创新商"的定位推动了企业的整体变革。

遗憾的是,在当下这么一个大转型和大融合的时代,众多的客运企业还是摆脱不了运输企业的定位,甚至一些大企业也是如此。那么,企业的治理和经营都摆脱不了传统运输企业的一系列套路,现代服务业人才无法适应这些老套路,也就产生不了大创新,只能沿着既有逻辑和路径缓慢改良。

龙洲股份坚持资本和实业齐头并进,坚持"有进有退"的原则,集中资源,稳步发展优势业务,扩大规模,深挖潜力;不适合企业长远发展的业务,采取各种措施逐步淘汰或退出,从整体上促进公司盈利能力的进一步提升。敢于退出,是升级和转型过程中可贵的精神。

The Surging Age
of Traditional Transportation
传统出行的激荡时代

第九章

# 旅游联盟

# 对外宣战，还是行业自救

全国旅游集散中心联盟(以下简称“旅游联盟”)在行业内引起了不小的反响。

“给客运市场打了强心针,注入了新的活力,看见一缕曙光,希望能把‘蛋糕’做大做强,带动全国客运市场走出低谷,启动新的模式,使转变经营模式迈开一大步。希望更多的集团加入进来一起打拼。”

“客运改革一直是近几年客运行业面临的最重要的问题,深挖旅游是很多企业选择的一个重要支点,联盟产业化跨出了重要的一步。”

## 一、用现在看现在,似乎成功已在眼前

客运企业转型旅游已成行业共识,或早或晚都开始了实践。客运企业优势旅游业态是短线巴士游,这一细分业务相对简单,作为入门级非常合适,且能够充分发挥客运企业旅游用车这一核心资源优势。

同时,我们也发现,大多数地区的旅游集散中心也是由客运企业经营,这也是各地客运企业充分发挥了所拥有的汽车站的场地

优势，充分利用了汽车站交通集散功能，是运游融合非常重要的侧面。

当然，还是要回过头来讲，客运企业转型旅游核心优势还是在于用车，“高中普”“大中小”各类车辆应有尽有，这是传统旅行社等所无法比拟的；此外，旅游包车资质和许可获取的相对便利性使得客运企业优势更加明显。

因此，客运企业转型旅游形成了所谓的三大标配，即一个旅行社，一般不大，可谓小旅行社，一个旅游集散中心，一般功能相对单一，解决门票和交通组合，最后是一个旅游车队。

这三个业务板块构成了客运企业转型旅游产业的基础结构和发展模式。

基于这种基础结构和发展模式，一些部分客运企业在这一业务领域可谓成功，做到了极致，成了当地响当当的品牌，甚至形成了相对垄断。

## 二、用未来看现在，任重而道远

转型旅游是客运企业在主业持续下滑的背景下提出的命题。客运企业家们必须站在这个转型的高度来定位旅游产业发展，而不能仅从旅游业务的本身来看。

基于这个高度，衡量转型旅游是否成功的标准有二：

### 1. 从发展体量看

转型旅游要能够成为企业增长的另一极，要能够弥补较大部分客运主业下行所形成的缺口。如果说，利润遥不可及，毕竟旅游产业和客运产业属性所有不一，行业利润率也不尽相同，但至少从营收规模上能够达到这个标准。

2.从产业竞争力看

转型旅游要能够全面参与到旅游市场竞争中去,将自己作为真正的旅游企业来定位,而不能只是为旅游企业作为配套支撑,要向旅游全产业链上转型发展,真正形成具有道路客运行业特色的旅游服务商。

客运企业转型旅游还是需要去对标发展的,不仅对标行业内转型旅游相对成功企业,而且对标旅游行业的领先企业。

从这两个衡量标准来看,旅游联盟的产生和发展,既是自救,拯救自身于客运行业下行之势,也是宣战,挑战自身于旅游行业繁荣之趋。

## 三、旅游联盟,创造奇迹的支点

我们发现,即使转型旅游做到极致的客运企业,旅游发展所带来收益还远无法弥补主业下滑所形成缺口。更不用说,做得一般的客运企业,那只能用杯水车薪来形容了。

这是因为传统的转型旅游的模式所限,还是沿着传统旅行社的路径在走。传统旅行社走了几十年的路,也快走到了死胡同。

那么,在这个讲求速度和整合的时代,我们再走一遍,恐怕是走不出来了。况且,主业的形势不等人,等不起了。

我们发现,客运企业擅长的巴士游,对于那些领先旅游企业而言,似乎是一块鸡肋,存在的唯一价值或许是引流,为了引向附加值更高的长线游、出行游,或者是日益成为未来趋势的定制游。

而对于大多数客运企业而言,已是全部,且大多客户都是冲着赠送礼品而言的大爷大妈们。虽说大爷大妈们经济威力很大,但旅游这个事,事实证明远没有这个威力。

联盟的出现,是给客运企业转型旅游放大了一个格局,转换了一种思维。

1. 联盟建立的是一个新高度

这个高度是站在行业整体转型的高度,旨在为客运行业转型发展提供一个解决方案,这是一个历史的高度。用王丽梅会长的话讲,是前无古人,后无来者,将会载入道路运输行业发展的史册。

2. 联盟确立的是一个新目标

这个目标是从全面参与旅游市场竞争的愿景来确立的,联盟要成为综合旅游服务领先品牌,对标的应该是中青旅、港中旅等这些大咖企业。

相对它们,或许每一个客运企业都是渺小的,犹如蚂蚁,但从联盟的角度看,或许我们有机会从蚂蚁成长为大象。

全国车站酒店连锁化的话,联盟就铁定进入全国连锁酒店前十的行列。

全国客运企业下属的旅行社集采聚推的话,联盟就铁定进入全国旅游企业集团的前二十名。

3. 联盟形成的是一个新利益

这个利益是共同利益,是具有完全的趋同性,因为旅游的网络经济、规模经济和范围经济效应十分显著。

我们发现,旅游联盟不同于其他一般的联盟,成了聚会联盟。从一开始就强调联盟实体,从而显示出对形成利益共同体高度认知和重视。有理由相信，旅游联盟是以为联盟成员创造增量价值和利益作为逻辑起点。

4. 联盟打造的是一个新模式

这个新模式是基于新旅游时代而确立的。这个模式的基本框架是完全建立于在自由行成为主要出行方式、信息技术更加广泛应用和全域旅游发展模式等发展趋势之下的，这个模式是集线上旅游产品交易平台和线下旅游服务网络于一体的O2O的架构和体系。

这是一个需要客运行业各地企业全面参与、共同打造的模式，缺少任何一个地区都无法创造出完美的效果。

客运行业到了一个历史时点，这个时点需要客运行业打破十几年、几十年如一日的那种确定性，去追逐一个组织，企业或者联盟的建设，主动接受挑战并迎合不确定性的方式来应对这个不确定性的未来。

用一句话来结束这次评论探讨，引用罗振宇的话：

“什么叫希望？希望就是未来的不确定性。如果未来非常美好，但它是有确定性的，那它就不会带来任何希望。”

拥抱这个组织，能看到一缕曙光。这是黑暗的夜，但已是黎明之前。

# 联盟抱团，还是单打独斗

公路客运下行趋势已不可逆转，且有加快下行的趋势。根据全国百城百站的数据周报汇总数据显示，2013 年、2014 年、2015 年和 2016 年分别较前一年环比增长 –2.19%、–4.19%、–7% 和 –17%。这种加速度下降是令整个行业恐慌和担忧的。

但同时，现代旅游业已经成为社会投资热点和综合性大产业，自 2003 年以来每年始终保持两位数的增长，其中，“十二五”期间年总收入达到每年 11% 以上的增长。随着全民消费进一步升级，旅游业也将迎来新一轮的黄金发展期。

两个行业的一降一升，让我们感慨万分。公路客运行业的快速下降给我们是一种无奈和失望，而旅游行业的持续增长给我们的是一份惊喜和想象。为什么是一份惊喜和想象？这是因为客运转型旅游具有得天独厚的资源优势。

这个优势主要在于：

一是客运站天然具备旅游集散中心的功能。据统计，目前全国主要地市的旅游集散中心有三分之一都具有客运企业背景。同时，全国客运行业 30 多万个客运站可以改造成的不同等级旅游集散中心和旅游门店。

二是客运班线客车天然具有旅游包车的功能。全国旅客上座率由“十二五”初的51.61%下降到了“十二五”末的42.44%。转型旅游非常重要的目标就是提高既定车辆规模下的车辆利用率。

因此,旅游产业是客运行业转型的重要方向。

但理想是丰满的,现实是骨感的。现代旅游不是一个只有客运行业才发现的一片蓝海,而是一个红得发紫的充分竞争市场。截至2016年底,全国有28097个旅行社,较2017年增加了18.9%。说明更多的竞争主体投资和参与到旅游市场的竞争。如果非要描述这个行业,可以概括为进入门槛低,同质化竞争严重,产业集中度低,行业竞争激烈,利润率低等。这是一个好进但不好做的行业。

中国前20强的旅游企业集团占据整个市场的25%左右的份额。大多已经开始转型到旅游产业的客运企业在这个市场中都还处于产业金字塔的最底端。最大的产品优势也可能只是一日、两日的巴士游,但这种所谓的产品优势在整个旅游产业链中具备竞争力非常不明显。

从这个角度看,在这个旅游市场已经开始全面进入全民化、品质化、国际化、全域化、现代化的今天,客运企业闭门造车、单打独斗,是无法转型成功的,最终只会走向衰亡。这是因为:一是单点的竞争力在当今竞争格局下难以形成,因为目前的竞争已经不完全依赖基础旅游资源要素了;二是转型成功的衡量标准不是开展了业务,而是能够弥补客运下降的规模和利润。

行业拥有的资源是有较强的相同性,行业面临的问题也是相通的。因此,行业需要找寻到客运转型旅游的共同解决方案,需要行业联盟抱团以形成一致的行动取得最佳的转型效果,需要行业整合集成,以在产业链中形成发展竞争力。

因此,构建行业转型旅游联盟是当务之急。

行业转型旅游联盟是行业内各企业和企业间在共同转型旅游产业目标考虑下结成盟友,自主地进旅游资源交换,最重要的是互为地接、互为客源,以形成全行业发展旅游的模式标准和产业发展目标,最后获得长期的市场竞争优势,并形成一个持续而正式的关系。

基于上述界定,有以下三个问题需要明确:

1. 联盟主体

联盟主体是自愿的。因此,联盟参与的企业要将转型旅游纳入企业发展战略中,将旅游产业作为客运企业转型发展的重要方向,作为未来企业的重要发展极的目标来打造。这种全行业的共同愿景和目标是客运转型旅游联盟的最重要的基础。

2. 联盟机制

联盟机制是核心,这是确立联盟利益关系的重要机制。联盟的核心目标也是为了形成发展利益,并实现发展利益的共享。联盟核心机制就是要实现信息互通、资源互享、客源互送、产品互联和营销互动。

3. 联盟关系

松散型的联盟更多的是为了经验交流和信息互通,但大多都无法适应新的形势和要求。在行业企业利益高度一致的情况下,需要从松散型走向紧密型联盟。客运行业转型旅游联盟的高级阶段就是成立实体企业共同投资旅游产业,猎取旅游行业发展核心资源要素,打造全行业旅游发展平台,为行业转型旅游提供有力的基础。

客运行业转型旅游联盟迫切需要解决两个核心问题:

一是探讨建立行业发展旅游基本模式。

行业联盟不仅是要结伙赚钱,在开始阶段最重要的是解决一些咨询性问题,告诉行业中致力于转型旅游的企业,到底客运行业转型旅游的基本模式是什么。

行业转型旅游的基本模型是以地区为基本边界,以地区交通便利或者旅游资源丰富的城市为核心,以覆盖地区的一日游、两日游、三日游等为标准旅游产品,以行业旅游交易平台为载体,实现揽客和地接的无缝对接和良性互动。

二是要共同建设统一的线上旅游交易平台。

要由地方联盟成员企业入驻平台建立地方旅游频道;从资源要素角度,要快速建立景区、用车、住宿、土特产等内容频道;建立联盟成员企业旅游产品资源交易功能;建立全行业的旅游包车平台。

联盟是一种抱团的组织。抱团就是要形成一致的模式、一致的行动,尤其需要搭建一个良好的资源和产品交易平台和资本运作平台,以解决行业分散,也就是单打独斗的问题,通过抱团发展可以迅速在全国范围内实现规模化发展。

联盟就是抱团发展,就是适应公路客运行业的新常态。客运行业发展到今天,联盟将成为行业转型发展的重要力量,是企业之间建立横向联系、情感认同、发展共同利益的渠道。这种发展趋势是同行业发展同步的,也是不可阻挡的。

全行业的客运企业联合起来,为了客运行业的转型成功而奋斗!

# 新客运，新旅游，新旅盟

## 一、新客运：沉舟侧畔千帆过，病树前头万木春

客运行至当下，是到了告别旧时代、迎接新时代的时候了。旧时代最大特征是以自我为中心，市场、用户等都是眼中旁骛。尽管目前行业哀鸿遍野，但悲观无济于事，抱怨更是大可不必。

值得骄傲的是，旧时代所经历的辉煌，让行业有着让行外羡慕不已的庞大且多样的各类资源。

全国各类客运经营业户 4.1 万户，遍布全国各县市；全国有 35.2 万个各类车站，等级车站 2 万多个，这是多么庞大的节点网络，况且很多车站占尽地利条件；全国各类营运车辆 84 万辆，大中小、高中普，应有尽有；全国从业人员有 322 万人，仅乘务员就有 51.3 万人。

只是站在行业看行业，这是旧时代的逻辑和视角。如果只是蹲在行业的井底看的话，这些都是重资产、重资源，产出效率只会逐年递减，不可回避的是，越来越多的部分会成为闲置资源，产出趋于零。

新客运的发展必须跳出行业看行业。如果用产业融合的新时代视角来对行业资源进行解构，再进行重构的话，那么，这么资源

鲜活起来了,就极具有价值。

遍布全国各地的客运企业,同质性强,具有强大的关系网络,这是做任何全国事业的强有力基础,尤其适应旅游、物流等这些有着强烈网络效应的产业。这是行业的绝对优势。

2 万多个车站,是庞大的物业。在旧时代这些物业只不过都只是用来售检发。行业外多少人在垂涎这些物业,在他们眼中,这可以是商场、批发市场、酒店、展览馆等。

新客运的一部分就是要回归到物业本质,以物业价值最大化为目标来重构车站商业体系。

823 个一级车站,每一个车站一个车站宾馆,如果实现连锁化,这是前十规模的连锁酒店。

全国旅游行业从业人员是 33.4 万人,客运乘务员比旅游行业所有从业人员还多了 20 万人。如果全国客运行业实现全员营销,单从从业规模看,就完全可以再造一个旅游行业。

全国有遍布各地旅游客运和包车客运企业有 4587 家。如果能够实现营销、服务和管理相对统一,与滴滴等所谓独角兽的竞争就增添了百倍的信心。

原京东副总裁、磁云科技创始人李大学说过,凡是行业小、散或弱,都值得重新做一遍。

行业的要素资源很好,行业的基础网络较好,但是目前阻碍行业整体转型和升级的最大瓶颈是行业的分散化和区块化特征。

这种行业特性在实操层面的具体表现是行业没有统一供应标准和供应链体系,行业没有统一的营销平台和客服体系。

新客运是完全以用户及其需求为中心进行重构的,快速挖掘和响应用户全方位需求为主要目标,将不再依赖于行政化资源。

新客运是以全面激发客运的范围经济效应,快速推进产业延伸为主要路径,将不再寄托于行业固有的陈旧模式。

因此,新客运就是要围绕这两点把行业重新再做一遍。

## 二、新旅游:等闲识得东风面,万紫千红总是春

看一个产业,一定要有产业链的视角来审视。旅游产业经历过了分销时代,正从流量时代进入全域旅游时代。分销时代,旅行社作为资源整合方和营销组织在产业链中发挥了重要的连接作用;但这种连接作用在流量时代被快速替代,OTA 渠道和网络营销平台兴起,并逐步控制旅游产业链。

旅游产业正步入全域旅游时代,讲求的是自由行、独特的产品创新和深度的用户体验。

“十三五”旅游业发展规划权威结论是自助游、自驾游正成为主要的出游方式。自助游、自驾游对交通手段更加关注,更加关注交通手段与景点景区、休闲度假地之间的延伸和连接。

同时,越来越多的游客不再喜欢只是去那些常规的 5A 级景区,而是想得到一种旅行的体验。例如,去成都,或许只是为了感受下赵雷《成都》歌词里“玉林东路的小酒馆”的那种意境而游弋于成都街头。

此外,尽管 2017 年的 OTA 的市场渗透率已经达到 36.1%,其中,交易规模结构中占绝对比例的还是酒店、机票等标品,达到 80% 左右,非标品的度假等在线渗透率还是很低;同时,绝大部分还是主要集中在一、二线城市,三线及三线以下城市的市场渗透率

还是很低。

新旅游是适应深度化、个性化的自由行和全域旅游需求的新形态,给新进入者创造了新的发展机会和更大的发展空间。

从单品上看,旅游小包车、旅游直通车等将爆炸式增长;从旅游目的地看,三、四线城市将面临更大的增量机会。

### 三、新旅盟:晴空一鹤排云上,便引诗情到碧霄

全国旅游集散中心联盟(以下简称“旅盟”)之所谓是新旅盟,在于其不是一个松散型联盟,其新颖和独特之处在于:

#### 1. 旅盟是一个独立的实体性联盟

很多联盟的发起,往往是虎头蛇尾,缺少实质性内容。中道旅游产业股份有限公司是服务于旅盟的实体,并通过增值扩股(省级中道旅游企业投资母体)和设立产业发展基金的方式将联盟成员用资本方式关联在一起,并共享联盟发展成果。

旅盟的实体性特征决定了联盟必定是要以创造联盟成员最大价值为目标,必定以创造价值为其持续发展的唯一信念。这是旅盟能够做大做强的动力源泉。

#### 2. 旅盟是一个完整的供应和服务链网络

截至目前,旅盟成员企业数接近300个,旅盟成员企业人数总额近30万人,旅游业务产值规模近25亿元。

旅盟的规模和它的成员企业在全国的广泛分布是旅盟一个独特的竞争优势。将这种独特的竞争优势发挥到极致,就要建立和保持旅盟的完整性。

这种完整性首先要建立的是一个统一的供应和服务网络体

系。旅盟的成员企业要保持一致的节奏,建立共同的供应和服务标准,建设共同的营销平台和客服平台,进而构建全国旅游服务网络体系,为旅客提供一揽子旅游解决方案。

旅游市场集中度低,近3万个大大小小的旅行社在相对较低的层面上厮杀,低价团和零付团费等遍地皆是,同质恶性竞争。抛弃完整性,就是自毁竞争优势,就会进入低层面的竞争,如大海中的每一条小鱼一样微不足道,也会被大的OTA这些大鲸吞入肚中,没了翻身的机会和想象的空间,这是转型的罪过。

3.旅盟是一个开放的业务交易平台

旅游联盟有两个核心的工作机制和方法,就是互联互通和集采聚推。

互联互通就是联盟成员企业之间实现互通互享,建立优势互补的旅游产品交易机制和网络,互为长短(一地的采购另一地的短线游,加上大交通就成了这一地的长线游)、互送客源、互为地接。

集采聚推就是将集中采购景区资源、酒店资源、旅游商品等旅游要素,组合形成高性价比的旅游产品在全联盟范围内共同营销,提升资源的整合能力,提升与供应商谈判的议价能力,获取最大的价值空间。

旅盟核心载体是联盟旅游网络在线平台,每一个联盟成员既是供应商,又是分销商,可以自由交易和组合。今后平台将进一步开放,吸纳旅游产业链的优势企业参与到旅盟发展中来。

其实,我们无法完全准确预见未来是否成功,但行业已经出发,在创造未来的路上,将心注入,这是预见未来最好的方式。

创造未来的路上,一定会有行业里的每一位,让我们一个愿景、一个声音、一致行动。

# 新事业，新定位，新平台

## 一、行业升级转型下的旅游新事业

全国旅游集散中心联盟(以下简称“旅盟”)自 2017 年 11 月 22 日授牌成立,在不到半年的时间内,先后举办了两次联盟工作会议。截至目前,联盟成员企业达到 321 家。联盟工作推进速度之所以这么快,主要在于这是行业整体升级转型下所有道路客运企业的共同新事业。

旅游的六大基本要素,包括吃、住、行、游、购、娱。道路客运作为公众出行重要方式,是旅游业不可缺少的组成部分,道路客运企业也是天然的旅游市场中重要参与主体,向旅游全产业链延伸是道路客运企业升级转型的自然选择,也是必然选择。

从一开始,联盟就注定与众不同,在于其不是个别行为,而是全行业整体一致的行为,是“行业转型升级的重大尝试,是以企业联合体出现的伟大实践,是行业集体智慧的伟大实践”。这在行业史上没有先例。

联盟另一个与众不同的点在于,联盟是一个实体联盟,非松散型联盟。联盟在全速加快实体化进程。2018 年 4 月 17 日,由 30

家骨干龙头道路客运企业作为创始股东的中道旅游产业发展股份有限公司（以下简称“中道旅游”）正式注册成立。各省也在加快推进省级实体公司的成立；同时，中道旅游正成立私募基金管理人，将发起设立产业发展基金，吸收更多的联盟成员企业以资本形式更紧密地参与到中道旅游事业的发展中。

通过省级中道旅游公司和私募基金入股中道旅游，联盟成员之间通过业务、平台和资本进行全方位连接，这也是其他联盟所不具备的。

中道旅游，是全体联盟成员共同的中道旅游！

中道旅游是以联盟成员企业的价值最大化为使命，时刻预判和掌握游客需求变化趋势，通过专业化、标准化、网络化和品牌化为联盟成员企业提供转型旅游的整体解决方案，这是中道旅游存在的唯一且永恒的核心价值。中道旅游今后核心竞争力也将发源于此使命。

尽管中道旅游成立至今不足三个月，但已经彰显出其力量，这力量是全体联盟成员企业的同心、同德、同路、同行、同力所带来的。无论中道旅游今后衍生出何种竞争力，最强大的竞争力还是源于此，也值得每一个联盟成员企业倍加自豪和珍惜。

## 二、消费升级下的旅游发展新定位

世界旅游城市联合会首席、原国家旅游局旅行社饭店管理司司长魏小安在一次高端会议上感慨，这些年他不太关注旅行社行业，因为看来看去没看出什么希望来。

魏小安更直截了当地阐述了一个观点，即如果旅行社的经营形态、运作形态没有革命性的变化,这个行业15年就会完蛋。

这说明传统旅行社行业遇到了发展瓶颈,这个瓶颈主要来自于市场和需求挑战。

当然,最核心的问题还是需求挑战。最明显的表征,就是自由行、自驾游成了越来越普遍的追求,成了旅游市场中那个百分之八十的部分。

这一切源于这一两年集中在吃喝玩乐、文娱消费等传统领域特别热闹的一个词,即消费升级。

什么是消费升级?这个同马斯洛需求层级理论是一个道理,就是消费者在得到了基本需求的满足后,愿意花更多的钱,换取除产品本身功能和品质之外的更多附加值(比如,体验、品牌、便利性、氛围等)。

以旅游消费升级为例,有两个非常明显的趋势:一是关于价格,随着消费升级,游客对价格的敏感度日益降低,零团费、负团费越来越没有了市场,人们对明显低价的产品的警惕性越来越高,消费更加理性。尤其是中产阶层,更看重的是价有所值。

二是关于产品,随着消费升级,人们出游不再局限于上车睡觉、下车拍照、进店买买,而是更看重吃喝玩乐住,更好地体验当地人的生活。

我们会发现,越来越多的大组团变成了小定制团,大巴车变成了商务车,酒店从当地四星变成了国际五星、精品酒店、创意民宿等;餐食从便宜团餐变成了当地特色美食。

我们回过头来看传统旅行社的问题,根本在于传统旅行社在模式、产品和服务等都已无法适应旅游消费升级趋势。

中道旅游作为旅游市场的新进入者，全面顺应消费升级的趋势，提出了“回归旅游本质”，做坚定的“品质旅游”践行者，坚决反对负团费、零团队的模式。

中道旅游所理解的“品质旅游”有两个逻辑。第一个逻辑是，高配版下的高品质。“吃、住、行”高配下所带来的高品质。例如，联盟所联合贵州省联盟在7月、8月所推出的亲子家庭游产品中就对“住”进行了升级，选配了五星酒店，对“行”进行了升级，选配了商务车等，且更注重亲子家庭互动。同时，这款“中国天眼天文奇幻之旅五星纯玩5天”在贵州游市场上没有同类产品，这种差异性和独特性也凸显了旅游的高品质。

当然，这款产品价格较市场略高，但价格和品质是匹配的，是价有所值的，甚至是物超所值的。

另一个逻辑是高体验度所带来的高品质。这种逻辑下强调的是深度且独特的体验。很有可能一个5A级景区带来的体验可能还不如一个独特记忆场景。消费升级的主力军，这些“85后”、“90年”后，首次到成都要去看的不是宽窄巷子、锦里，而是要去玉林路上的小酒馆——那首轰动全国的网红歌曲《成都》里的小酒馆。

中道旅游要坚持上述品质旅游的发展逻辑，而不是传统旅游行社低价低质的逻辑。传统逻辑上的竞争是低效的，很多传统旅行社都转型，充分说明它是难以为继的。

或许，我们在传统逻辑上我们暂时比传统旅行社略逊一筹，但这种传统逻辑和套路是不适应未来趋势，是一条末路。中道旅游要紧盯旅游市场的变化，通过差异化、特色化、(高)体验化来探索出一条具有中道旅游特色发展路径和手段方法。

同时,尽管中道旅游生于行业,根于联盟,但一定是以360°旅游的视角来看发展,而不是用交通视角来看发展。千万不能百分之八十的部分还是站在交通角度看旅游,这是不可能支持转型成功的。这是需要行业和联盟的所有企业去主动变革,归根到底在于,变革我们的思维,变革我们的机制,变革我们的行为,以期全面参与到旅游市场的竞争。

三、行业聚合下的旅游发展新平台

中道旅游正全力布局四大平台,分别是B2B2C平台——好行网、中道酒店连锁平台、中道景区管理平台和中道文创交易平台。其中,前两个布局是当前阶段中道旅游的重中之重。

好行网是全国旅游集散中心联盟的核心运行平台。以城市频道为单元,各城市联盟企业可以将用车、景区门票、酒店、旅游直通车、大交通、旅游产品、旅游商品等上线至城市频道。

每一个城市频道,都是作为城市子站而存在,是每一个城市联盟企业自己的频道和平台。

既可以分销给同行,或者分销给内部员工,开展全员营销活动;又可以直接销售给游客。因此,好行网既可分销,也可直销。

有了好行网,每一个城市之间互联互通,互送客源、互为地接,可以实现旅游目的地和出发地的无缝对接,推出更适应出发地市场的旅游目的地产品;可以实现旅游目的地产品和大交通自由组合,可以实现旅游目的地产品拆分,例如,将一个五日游产品,拆分成五个一日游产品,这五个一日游产品可以局部组合,也可以时间顺序上进行自由组合;可以打通旅游目的产品和旅游出发地产品之间的库存,等等。

好行网,是完全基于自由行趋势而全新打造 B2B(2C)互联网平台,除了网页版,将推出 APP 版,这也是每一个城市频道自己的 APP。

好行网今后将更加注重“行”在自由行中“穿针引线”的作用,全力推进旅游场景与出行领域融合,与各地联盟企业的出行平台进行无缝对接,全力打造中国运游第一平台。

全国旅游集散中心联盟拥有众多的车站资源,不是在城市的核心区,就是在新城区,总体上是不错的物业,较为适合开展酒店业务。

不过,车站酒店的现状如何?中道旅游联合华住集团以江苏省为试点做了调查,结论是整体处于低端层次,价格区间在 100 ~ 200 元,以物业外包为主,市场竞争能力偏弱。究其原因,问题在于车站酒店的各自为战,单枪匹马挑战市场,经营模式和手法简单且单一。

同样,在消费升级下,我国的酒店业和旅行社一样也到了转型的十字路口。从 2016 年开始,经济型连锁酒店的增长开始出现明显下滑,中高档酒店正成为主流,尤其是具有主题特色的中档酒店。我们会发现,酒店业中大量汉庭和如家,改头换面,升级成了全季和桔子酒店。

车站酒店要实现全面升级,要适应偏中档酒店趋势定位;客群定义为车站流动客群、周围固定人群和周边潜在商务人群;在功能上适应住宿时间变长的趋势,重点增加二次消费业务,例如,洗衣、做饭、健身等;同时,全面植入旅游要素。

中道旅游是要提供全国旅游集散中心联盟成员车站酒店升级方案,建立起车站酒店委托经营和连锁经营标准体系,借力品牌连锁酒店合作方打造中道旅游酒店营销平台和渠道平台。

中道旅游还在积极布局文旅资源整合、旅游商品、旅游直通车等业务板块,这些都将是打开局面非常重要的切入点。中道旅游将更加关注联盟成员企业在旅游发展业务能力的提升,建立旅游综合业务培训体系,对全员营销、旅游直通车、好行网平台应用等重点专题开展巡游培训等。中道旅游将重点聚焦旅游产品的集采聚推,联盟成员企业一起来进行旅游产品设计、踩线和比选,共同推自己选出的优质旅游产品,以期实现最佳效果。

总之,全国旅游集散中心联盟正开创一份伟大的事业,指明了中道旅游砥砺奋进的方向,但正是因为是行业史无前例的,势必道路是曲折的、艰难的。但可以坚信的是,只要我们义无反顾,勇往直前,我们一定可以抵达胜利的彼岸。是因为,我们始终坚定初心不变,这个初心就是为联盟成员企业升级转型创造最大化的价值;更是因为联盟成员的同心同德同行同力给中道旅游的力量。

第九章

旅游联盟

# 旅游联盟发展新模式初探

旅游联盟应该探索出一种最适合联盟的旅游业务发展模式。这个模式必须是高度匹配联盟特点的,不能照搬照套,不能依葫芦画瓢,否则,难以落地。

自2017年11月21日成立以来,全国旅游集散中心联盟形成了五大鲜明的特点:

一是规模庞大。九个月时间,联盟成员企业已经达到380家。二是覆盖率高。地级城市覆盖率达到85%;三、四线城市覆盖率达到70%。三是资源相似度高。目前联盟成员企业均为道路客运企业,拥有场站、车辆、人员等资源情况相同。四是发展水平相近。绝大多数联盟企业都处于转型旅游的起步阶段,旅游业务规模较小,旅游业态相对单一。五是发展意愿强烈。联盟企业对转型旅游有着强烈的愿望,发展的主观能动性强。

因此,我们认为,联盟旅游发展模式的选择要应综合考虑以下三方面因素:

1. 全面把握旅游发展趋势

从出游方式来看,自由行是趋势,也是不争的事实,已经达到70%的占比。组团游比例在不断萎缩,而联盟企业目前普遍开展业务形态还是组团游。

那是否意味着我们转型到旅游市场就意味着进入一个夕阳业态？

回答恰恰相反。有数据显示，在所有年龄段中，25～44岁、45～64岁人群出游率较高，65岁及以上人群的出游率增速最快，到2016年65岁及以上群体已经成为出游率最高的群体。

最近国家奖励二胎的政策这一则新闻，反映出我国开始逐渐进入老龄社会的现实。截至2017年底，我国60岁及以上老年人口有2.41亿人，占总人口17%。按照7%～8%的出游率，这个老年人旅游市场规模是超级巨大的，且老年群体受制于精力和交流方式相对困难，更加倾向于跟团游。

2. 充分发挥联盟核心优势

我们发现，联盟在切机位等大交通方面不具备优势。但是联盟都是道路客运企业，大中小、高中普的各类客车，单从旅游交通工具上看，我们要把客运车辆的优势要淋漓尽致地发挥出来。我们建议联盟要利用长板理论，将长板拉得更长，发挥长板优势，用客运车辆来串联所有的旅游景区和城市，不仅是地接用的是客车，大交通也用客车。

3. 推动全体联盟成员之间互动与连接

要推动全体联盟成员企业的业务互动和业务连接。联盟是所有联盟成员企业的联盟，因此，联盟旅游发展模式要考虑联动的均衡性。最好这种业务模式下所推出的旅游产品能够串联起最多的联盟企业。

基于上述三个方面因素综合考量，汽车列车旅游模式应运而生。

旅游专列通常指通过火车这个交通工具连接具有代表性的景点,满足游客想一次出游游览众多景点的愿望。旅游专列具有定时、定点、定线等特点,可以发挥"一线多游"的优势,即白天汽车游,晚上专列睡。

## 一、何谓汽车列车旅游模式?

汽车列车旅游是指通过长途豪华汽车连接有代表性的景点,通常是一车到底,以满足老年群体不断提升的消费需求,车程2~4小时就可以游玩景点,晚上入住比火车硬卧舒适性更高的酒店,保证充足的睡眠,有利于老年人身体的恢复,可以视作原来火车旅游专列的升级版。

除了充分发挥了客运企业自身交通的优势、安全的专业性的优势,汽车列车旅游最核心在于充分满足老年人的心理需求、身体健康特点、消费喜好等。

根据市场调查显示,受访的老年人认为旅游受到以下因素限制的程度由小到大的排序分别是:①距离因素;②时间因素;③金钱因素;④个人身体健康因素。其中,个人身体健康因素最容易限制老年人旅游决策行为,距离因素最不容易限制老年人旅游决策行为。

## 二、汽车列车旅游模式的五大特征

(1)一般旅游时长在6日以上,最佳时长在9日及以上。

(2)去程和回程中至少有一程全程使用汽车作为交通工具。

为提高旅客出行体验,一般使用长途豪华大巴,一车到底。

(3)汽车连接具有代表性城市或景区的车程一般在2~4小时,尽量减少游客的疲劳度。

(4)每一个旅游节点选择酒店入住,最好是公寓式酒店,通常也可选择联盟成员的车站酒店,保证游客的充分睡眠,确保游客身体状态的及时恢复。

(5)全程无购物店,提高游客体验度。

## 三、汽车列车旅游的两种运作形态

无论何种运作形态,汽车列车旅游产品设计过程中要将充分挖掘沿途旅游资源,而不仅是最终目的地城市。

### 1. 两点对发合作模式

两点应选择两个主要旅游目的地城市,或者两个目的地城市之间有充足的旅游资源。

1)一车两地连发模式

如图9-1所示。

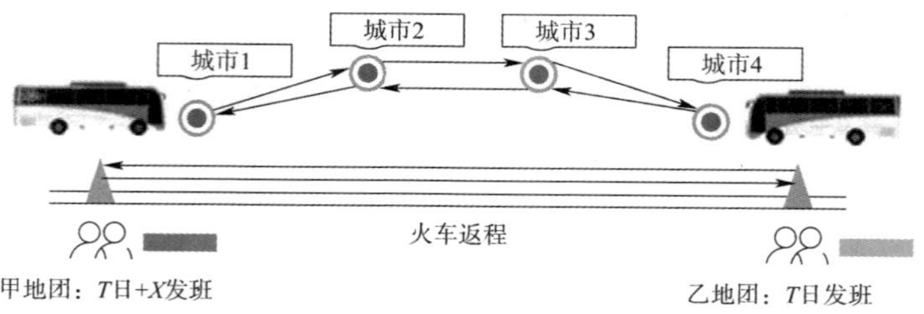


图9-1　一车两地连发模式

注:乙地先发车,$X$为乙地汽车列车旅游产品天数。

甲地联盟企业先组客发旅游汽车专列,至最终目的地城市,甲地游客换乘火车返回出发地。甲地联盟企业汽车驾驶员和车辆做适当停顿和检修,再承运乙地联盟企业组团出发一路游至甲地。

这里旅游运输组织特征是:一是要两地分别各组织一个旅游团;二是使用两地中某一地的一辆客运车辆;三是两地发团日间隔天数大于等于先发团汽车列车旅游产品天数。

2)两团车辆互换模式

如图9-2所示,其旅游运输组织的特征是:一是要两地分别各组织一个旅游团;二是两地同时组团发车,且在相对线路中间节点城市互换车辆;三是两地使用车型保持一致,确保旅游体验的一致性,防止出现车辆不一致出现问题投诉。

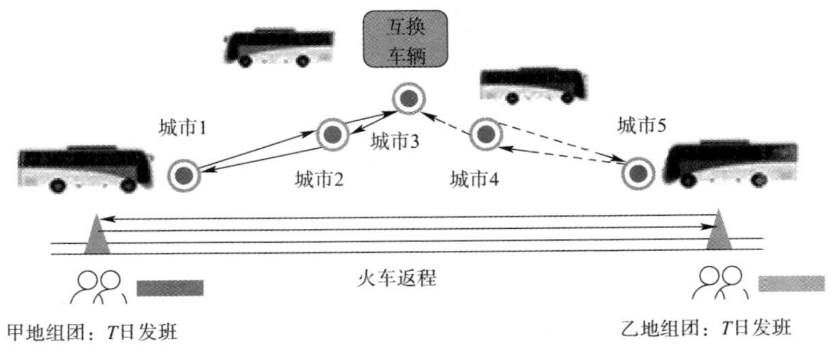


图9-2 两团车辆互换模式

注:虚线代表乙方车辆,实线代表甲方车辆。

3)一车两团套发模式

如图9-3所示,其旅游运输组织特征是:起点地组织两个团,一个团先发汽车班,全程开启汽车列车旅游,待汽车班将至最终目的地前,另一个团发火车至目的地,然后再套用已发至目的地的汽车全程开启汽车列车旅游;先发汽车班的团乘坐火车返回出发地。

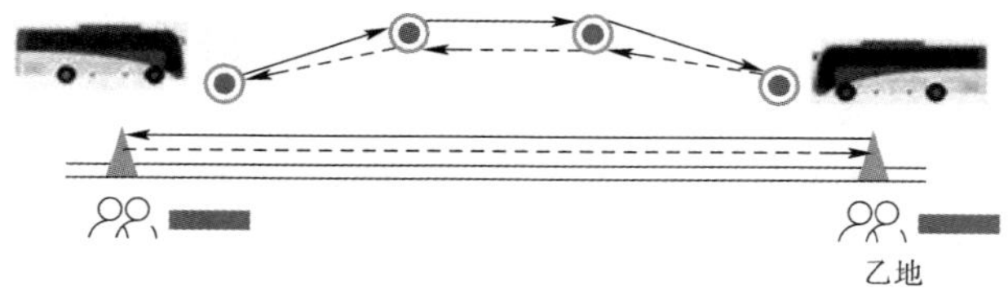


图 9-3 一车两团套发模式

注:实线代表先发团至乙地,然后乘火车回;虚线代表乘火车去,乘汽车返回出发地。

2. MILK-RUN 模式

1)组团地出发 MILK-RUN 模式

如图 9-4 所示,其旅游运输组织特征是:汽车专列全程旅游景点,再回至出发地。类似物流上送牛奶的配送方式,我们称之为 MILK-RUN 式的汽车列车旅游。

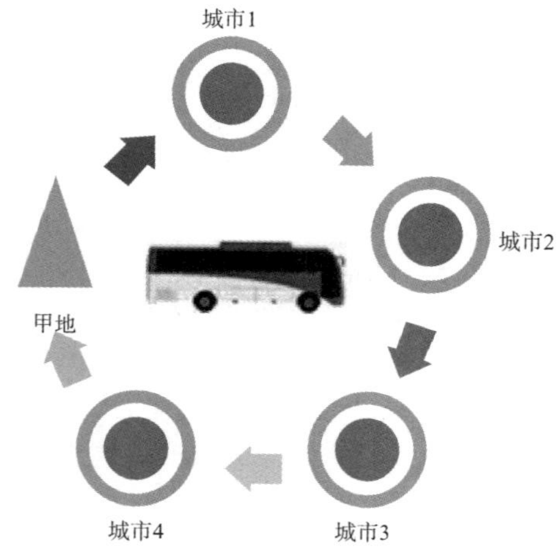


图 9-4 组团地出发 MILK-RUN 模式

2)火车+延伸地出发 MILK-RUN 模式

如图 9-5 所示,其旅游运输组织特征是:出发地通过火车将旅游团往前推进到某个地点,再开启汽车专列全程旅游景点,再回至出发地。推进至的某一个目的地一般是具有较好旅游资源的旅游目的地或者是四通八达的交通枢纽城市。

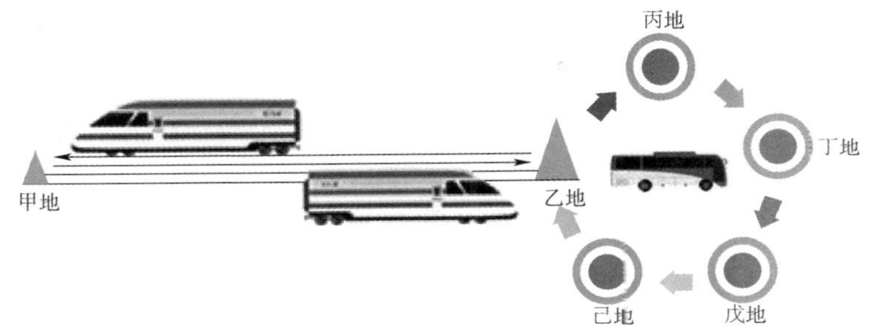


图 9-5 火车 + 延伸地出发 MILK-RUN 模式

例如,贵州旅游产品,可以将江苏、浙江和上海等地客源输出地的游客通过高铁运送到荆州或者武汉,再从荆州开启汽车旅游列车之旅,经过湖南张家界等旅游地再进入贵州境内。

针对老年群体的长线汽车列车旅游,不只是联盟在探索,其实,国外旅行社也在尝试,甚至更是不可思议,但现实是已经组织了三次超长线跨境汽车列车旅游。

2018 年 7 月 14 日,德国 Zeit Reisen 旅行社第三次组织汉堡至上海大巴行的旅游团,整个旅行花费 53 天,穿越 8 个国家,行程近万公里,旅游团里的成员来自德国、瑞士与奥地利 3 个国家,平均年龄超过 70 岁,最大的一位团员年龄甚至高达 86 岁。

2018 年 7 月 27 日联盟携手辽宁虎跃,推出苏州沈阳汽车旅游"专列"产品。产品为两地对发的双向长途汽车旅游模式,配有豪华舒适旅游大巴全程跟随,沿途城市均可停车。客户定位为老年群体,全程有专业领队陪同及地接导游讲解,为中老年人提供贴心细致的"管家式"服务,双向收发车 60 个座位在 4 个工作日内全部售罄,接下来推出了9月15日第二班苏州沈阳汽车旅游“专列”在2个工作日内也基本售罄,得到市场广泛认可。

目前,以江苏、浙江和上海等为主要客源地的汽车列车旅游产品在不断推出,例如,张家界酉阳汽车旅游“专列”、少林武当汽车旅游“专列”、庐山徽州汽车旅游“专列”已经启动,其他汽车旅游“专列”产品也将陆续推出。

从组织上,我们建议旅游联盟内任何客源输出地研发的旅游产品所经过旅游目的地的地接服务,原则上均需要基于市场法则下实现与联盟内成员企业合作互动。通过汽车列车旅游模式,真正可以实现旅游联盟成立之初所坚持的业务发展原则,即互送客源、互为地接。这才是旅游联盟存在的价值和意义。

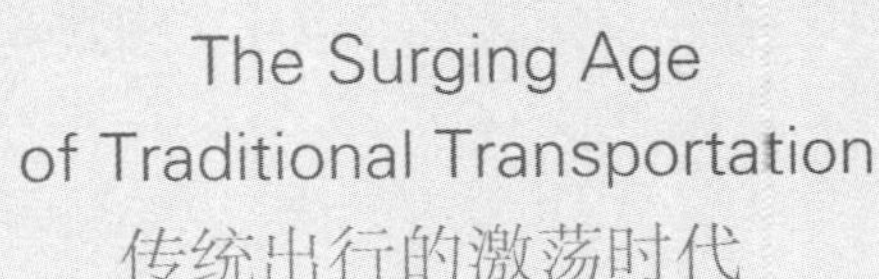


第十章

# 供给侧改革

# 供给侧改什么

深化交通运输供给侧结构性改革，第一要降成本，第二要补短板，第三要强服务。

一个产业体系框架可以分为两侧：一侧是需求，另一侧是供给；或者说，分析一个产业体系可以从两个逻辑框架切入，一个是需求侧，另一个是供给侧。从公路客运企业的角度，供给侧可以理解为企业资源。

根据新国线王永立董事长的研究，企业资源无非包括有形和无形两个部分。有形资源包括营运车辆资源、场站资源、人力资源；无形资源包括品牌资源、关系资源、能力资源和资本资源等。

用做蛋糕的例子来解释供给侧改革。好比公路客运市场是“蛋糕”，传统公路客运这一市场“蛋糕”，人们越来越不喜欢吃了，买的人也越来越少，没有高铁等别的“蛋糕”好吃，那么，让更多的人来买公路客运的“蛋糕”，需要做的是，我们努力把“蛋糕”做好做精致，自然不愁人们不买“蛋糕”了。

## 一、去运能，如何去？

数据显示，2011—2015 年五年的营运客车的客位数保持在

2100 万座左右，但 2015 年的公路客运量则是 2011 年和 2012 年的一半，一个量不变，另一个量腰斩式下降，可以判断，实载率大幅下降。我们大胆估测下，在行业顶峰的 2012 年，公路客运企业的主体黄金线路实载率约在 60%，时至今日，不足 40%，管理粗放的企业已经开始亏损。

1. “大改小”

即大车改成十几座的小车，甚至七座的车。客流少了，把客位数减少；营收少了，成本也降了，留住了线路，留住了点利润。

在面对环境的剧烈变化，要么主动寻求改变，要么被动接受改变。但这种方式完全是一种被动接受改变的方式，不是扩大再生产，而是“简单缩小生产”，无法创造一个新的世界。

“大改小”不是最终解决方案。但小型车更加灵活机动，符合到门到家的交通需求；另外，小型车的客位数较少，运输组织所需时间更短，为客户提供更个性化服务创造了更好的条件。因此，在“大改小”的基础上，大力发展定制客运才是最终解决方案。

定制客运势必要打破所有班线客运的限制，并替代所有班线客运，是唯一的出路。正如约瑟夫·寇德卡所说，为自己设限是不错，不过有时候我们必须打破自己一手建立的一切。

2. “班转包”

旅游客运和包车客运是传统道路客运转型升级的重要方向。《关于深化改革加快推进道路客运转型升级的指导意见》和《关于促进交通运输与旅游融合发展的若干意见》都明确将支持道路班线客运剩余运力依法转为(旅游)包车客运作为一项具体任务。

运输是旅游产业中非常重要的生产要素，具有很强的融合条件。因此,目前很多公路客运企业都在转型旅游产业,一些旅行社或多或少也有一定自有运力。现在或者不久的将来,剩余班线运力在一个企业内是具有相当规模的,甚至存量的一半将要出现闲置,内部消化可能性较小。公路客运企业可建立一个区域公共型的旅游包车服务平台,服务于区域内所有旅行社等。

另外,交通运输部两个文件也明确提出,积极引导并规范开展通勤班车(包车)、旅游客运专线、机场或高铁快线、商务快客、短途驳载等特色业务。剩余班线运力应完全研究各种出行场景,对市场进行细分,抢占细分市场的高市场份额。

3.“低升高”

由于公路客运的舒适性和便捷性无法满足旅客需求,很多旅客用脚投票,选择了高铁、私家车等。我们理性地换位评估下,公路班线客运营运车辆的安全性能、营运车辆座位间距、营运车辆车内整洁,营运车辆营造文化环境等都无法很好地“忽悠”住顾客的心。

记得 2007 年左右的一次南宁考察,站内停放了一排超豪华车,完全是航空头等舱的座椅,非常震撼,至今印象深刻。2017 年海南要开工建设环岛旅游公路等,如此的场景出现,如果将一部分的运力升级,采用超豪华的车辆,提供全过程超贵宾式服务(两端采用高端车型的接送等),会有一个新的细分市场出现吗?我们相信会的。为什么公路客运行业的客户就一定是所谓的低层次的呢?

## 二、去库存,如何去?

汽车客运站不再熙熙攘攘,门可罗雀的场景已是不远。五年内汽车站售检发功能的空间占比或许不到30%。汽车站转型势在必行，迫切要将闲置部分整体转换为商贸零售、旅游集散功能，后者功能将会成为主体。

商贸零售、旅游集散成为主体，意味着公路客运成为辅助功能。因此，在车站和商业功能关系中，要将商业作为核心需求；从整体功能布局上都要做系统性改造，不能将商业和车站布局得过于泾渭分明，要做到商中有站、游中有运。要充分建立“动线是一个商业的血脉”的理念，最大限度地拖住旅客的时间。

车站最大的优势是地方大交通的优势，通过传统公路客运班线扩展市场覆盖范围，因此，更适合商品批发、主题类商业体的概念。

### 三、降成本，如何降？

每辆神州专车都加装了车载OBD系统和移动通信模块，能够实时监控司机行为和车辆状态。这套系统不仅“看”得到驾驶员的行驶路线、油耗、停泊时间等，甚至可以精确到起步动作、转弯速度、刹车轻重等。这些数据被实时传输到神州专车的后台系统进行分析处理，并进行图像化展示。

在强大的技术和管理机制支撑下，神州专车的管理完全做到扁平化管理，一个大区只需几个人即可。相比之下，传统公路客运企业的信息化程度较低，甚至一些企业根本没有任何信息化应用，一般都采用逐级科层制，即公司—车队—驾驶员，一个车队几十辆车，配置队长、副队长、安全、机务等，麻雀虽小，五脏俱全，与互联网企业而言，成本无法比拟。

公路客运企业要建立统一的车辆池，通过信息化和互联网技术来实现所有车辆在线管理，尤其是要做到车辆状态、车辆任务等实时控制，建立统一的后台管理，建立单一车辆统一后台的管理机制，以此砍掉那些中间组织成本。

国防大学戴旭说过，“大”和“强”根本不是对等的关系，肥大的外表和强悍的内心根本不是一回事。对公路客运行业而言，曾经的“大”或许并不是真正的“强”，公路客运企业的真正的“强”应该源自组织之强、后台之强。

# 如何补短板

无论是历年披露的客运量数据，还是重大节假日所发挥的作用，公路客运都还是主导性的，这个分量毋庸置疑。公路客运在交通运输供给侧结构性改革进程中的分量也同样如此。因此，公路客运必须放进综合运输体系中去发展，才能焕发生机，发挥主导性的作用。

这个问题可以拆成两个问题来谈：一是公路客运服务的短板在哪里？二是有了短板怎么办？

## 一、公路客运的短板在哪里？

公路客运，近年的平均运距大多是在50公里，近几年有逐年攀升的趋势。这个平均运距，大体上是提供的城际（城乡）出行服务。而城际出行需求总体可以从速度、价格和出行体验三个角度来解析。但似乎这三个方面都是公路客运服务的短板。

### 1. 速度

速度是出行选择第一要素。公路客运相对于高铁、航空和私家车是慢的，但这是被车辆技术条件限定的。速度的短板，除非是迎来车辆技术质的飞跃，否则，这个短板没法补，公路客运企业也补不了。

2. 价格

虽说老百姓消费能力提高了，但对于消费，绝大多数的人还是看价格。相对于高铁等，公路客运没有相对优势，甚至还要贵一些。公路客运价格也是政府定价，市场微调。即便降价 20%，是否能带来 20% 的客流增长，也是未知数。在消费升级的当下，真正吸引客流的，绝对不是价格。

3. 出行体验

体验经济的特征是非生产性、短周期性、互动性、不可替代性、映像性、高增进性，公路客运可以照照镜子对比一下。实际上，在各种运输方式当中，公路客运的出行体验是比较差的，满足的仅是基本的运输需求。

所以，从速度、价格、出行体验三个层面来看公路客运的短板，可以发现，速度和价格这两个短板，是短时间无法补的。唯有出行体验，才是补短板的核心。问题是，三个短板，只补出行体验一个，能否达到补短板的目的？

二、补短板怎么补？

有短板，必有长板，门到门、随客而行，再加上当下流行的按需定制，这些都是公路客运的优势，是在出行领域占领一席之地的凭借。

公路客运速度不行，那么，我们就重新定位，把公路客运定位为相对于高铁和民航的“慢行”系统。不要觉得慢行系统就差人一等，看看现在的共享单车，已经成为互联网投资的新风口，公路客运打造出独特的慢行系统,同样会有风吹来。

价格方面,低价竞争的层次太低,我们就优质优价,把服务做好。这方面需要政策配套,把公路客运龙头企业的服务和价格相匹配。

无论是打造慢行系统,还是优质优价,最后都落脚到"出行体验"上。有人说,互联网经济时代,企业生存发展的秘密就是是否懂得体验经济。目前来看,绝大多数的公路客运,还不懂体验经济。

体验经济的核心是提供超出预期的服务。旅客感受到的每一种美好状态,不能完全以清单的方式来计量。那么旅客每一次进站、上车、下车和出站,有没有给旅客留下一个美好的印象?这个过程中会不会有一个细节让旅客产生一次美好回忆?

比如,去山西太原旅游,在当地的一家五星级酒店就体验到了超出预期的服务。出了高铁站,有一辆 GL8 接站;到了酒店大堂,经理直接将我们引领至房间,为我们代办入住手续;晚上回到房间,得知客人过生日,主动送来小礼品;早餐时,餐厅经理亲自过来送上一碗长寿面;外出时,门童主动到街上叫出租车;返程时,安排奥迪 A6L 送到高铁站。和送站的驾驶员师傅聊,师傅说:我们原来也不是这样服务的,现在生意不好,我们就得在服务上下功夫呗。

可以看得出来,酒店的销售经理、客房服务员、餐厅经理、门童、送站的师傅,都为顾客超出预期的体验作出了贡献。

我们不禁要问,同样处于恶劣的竞争环境下,同样作为一个服务行业,公路客运企业有没有沉下心来,好好地把旅客当顾客看,重塑激情用服务去感动我们的顾客呢?没有顾客的体验,何来客户下一次的光顾？

公路客运企业其实是拥有几座金矿的，这是我们的优势资源。

1. 第一个金矿是旅客

每天这么多的人流进站，这么多的人坐车，车站和客车就是一个流量的入口。

是不是绝大多数的公路客运企业都白白地浪费了这么大规模的流量呢？通常，旅客起码可以在站内停留半小时以上，平均可以在车内坐上两三个小时，在这两三个小时的时间内，我们与旅客做了哪些互动？又有多少具备商业价值的内容没有被发掘呢？客车上，一般年轻点的旅客都在低头玩手机，年长点的旅客都在发呆看窗外。我们和这些年轻的和年长的这两个客户群体都做了哪些互动？这里面，又有多少具备商业价值的内容没有被挖掘？

2. 第二个金矿是车站

我们换位思考，如果是一家互联网企业，它们会如何运营车站呢？它们一定会把车站打造成一个消费、商务、出行的综合体。把车站周边打造成"拉德芳斯"，把车站打造成"大悦城"，让消费流、商务流、出行流融为一体。而现在我们大多数车站，在车站内，商业零售和候车厅一般是泾渭分明的，为什么商业零售功能不能布局到候车厅中去，为什么不可以叫卖？在车站外，为什么没有提供配套的停车、加油、换乘、商务服务？

互联网企业肯定不会等政策，先干起来再说。你不干，连议价谈判的资格都没有。

3. 第三个金矿是不可替代性

专业的细分和比较优势的存在让我们无法补齐所有的短板。

公路客运的不可替代性就是公路客运的“便捷性”和“门到门”。纯产品设计的角度看,公路客运应是所有运输方式中最灵活的一种。这是因为客车的机动性强,可以随时下车上车,可以选择最优线路,可以选择出发时间等。所以,我们的短板除了短在出行体验,还有不少领域都有短板,比如定制服务领域,旅游定制服务、商务出行服务、学生团体服务等,这些都是发挥公路客运不可替代性的商机。

其实,每一个公路客运企业都有金矿,我们的车站、车辆,我们的旅客,我们的不可替代性,这些都要我们重新定位,重新辨识,并具备挖掘金矿的能力。

互联网企业其实早就对我们的金矿虎视眈眈,但很多企业可能还没有发觉。如果拥有了这么大的金矿,却无法持续发展,那是行业和企业的悲哀。

题外话:

除了补短板,还有降成本这个话题。最近,公路客运企业家沙龙公众号和微信群的同行们讨论激烈,大家聚焦公路客运的痛点,有的说政策限制太死、打击黑车不利,有的说公路客运已经被乘客抛弃,走进了死胡同。我们来看看行业人士的观点:

@国泰民安:目前,客运车辆的实载率也就50%左右,但受限于监管部门的条条框框,运、游车辆互相支援就没法实现,为了确保高峰客流疏散就只能让一些运力在平时闲置。

@大唐:反观客车,四定就管死了,还有道条之类的法规只能约束正规车。总之,我已是多年未乘车了,说实话,客车的服务与管理水平是逐年下降的,已成为最后的选择。当前这么多出行选择,恐怕,已没有也许……更多还是无奈。

@自由行:我们的行业管理是让正规班车竞争乏力的源头之一,一个本身不适合市场需求的行业管理是否有延续下去的必要?道路客运本来所具的优势是灵活,接近老百姓日常出行所需,但行业管理却卡着班线走向、班次、途中便民就近上下车等一系列原本应由市场所需所决定的事宜。

现在划重点,公路客运的补短板,补的是出行体验,补的是挖掘金矿,发挥优势,增长长板。补短板,由谁来补,是我们的公路客运企业,还有相关的行业管理部门?放开出租车市场,传统巡游车肯定投反对票,但放开公路客运行业,公路客运企业肯定双手赞成。让老百姓出行便利,体验良好,不仅是行业管理部门的政绩,也是公路客运企业的生存之道。

# 如何降成本

公路客运企业需要众志成城、齐心协力地倒逼政府降低道路运输制度性交易成本,但更重要的是,企业需要在发展战略和具体经营层面主动改变,以降低企业经营成本。

一、"定班、定线、定点"模式,是企业最大的"成本"吗?

一些龙头骨干的公路客运企业拥有上千台车辆,甚至上万台车辆和上千条线路,但每辆车、每条线路,都要运管审批。所有的服务构成要素都是固定的、不可改变的,包括固定的时间、固定的线路、固定的班次,甚至不变的价格。

所以,公路客运企业根本没有对服务产品要素进行主动调整的空间,没有通过优化资源配置降低成本的空间,无效的、冗余的成本一直潜藏于整个公路客运行业。

我们不禁要问,在这种市场制度环境中生存和成长的企业能算得上真正的市场主体吗?能有真正的竞争力吗?这种纯制度性交易成本,企业无法改变,只可无奈地被动接受,这种成本也是企业发展中最大的成本项。只有依靠政府深化改革和调整,才有可能为企业减负。

毫无疑问,公路客运行业已经到了必须放松管制的时间点,这不仅是公路客运企业的降成本的要求,也是老百姓出行消费升级的要求。放松管制的核心就在确保行业安全和合法经营的核心管控要素下,让企业具有更大的经营自主权,包括起讫点、线路设计、时间等。大胆假设,是否可以采用区域许可的方式,凡是具有区域经营许可的企业,可以自主决策所有的服务要素条件,只需要到政府或者协会备案,至于服务好不好,旅客说了算,但至于安不安全,政府可以监管。

二、"大"改"小",是否专治班线亏损?

先以一条线路两种车型(15 座和 39 座)为例,两种车型在燃料、过路费、折旧、保险等方面的综合成本相差一半。如果同样的票价,39 座的实载率只有不到 40% 的时候,假设 40% 是"大"车的盈亏平衡点,这个时间点上"大改小",则运营成本降低近一半,则利润率将从原来的零提高至 50% 。

"大"改"小"只是从线路的层面达到了降低成本的目标,但从企业整体层面并未达到降低成本的效果。改掉的"大"车如何处理?还是停运?除了折旧,各项成本都没有了,但也就没有了收入。如此的"大改小"不但没有降低成本,反而是增加了成本。

有一个衡量指标叫作客位产出贡献值(客位产出贡献值)。客运总营收不变,但企业总客位数增加了(增加了小车的部分),那么,客位产出贡献值是下降的。

"大"改"小"存在意义的前提是要"大"改掉后要有产出贡献,也就是"大"车要转作其他用途,用作承包、租赁或者旅游等。从这个角度看，公路客运企业升级和转型是一个系统工程，每一个部分都不是孤立的。

因此，我们认为：一是公路客运企业必须要将发展旅游等作为战略重点；二是东、中、西部不同区域的公路客运企业要建立交叉联盟或者实现跨区域整合，实现资源上协同利用，最大化资产利用率。

三、降低班次密度，会降低市场占有率吗？

一个服务系统首先是要服务能力，其次，才能谈得上服务水平。服务能力是要紧跟市场变化的。如果面临一个不断增长的市场，必须加大服务能力的扩大；面临一个不断萎缩的市场，就要停止能力产出的扩张，甚至缩小能力。

公路客运企业最大产出能力就是每条班线每天运行的客位数（班次密度 × 每一个班次车客位数）。前面讲到，当客流下降到一定程度，不仅要“大”改“小”，而且要降低班次密度。但降低班次密度不是盲目的，要保持基本服务能力，是要取决于对市场的深入了解；否则，将加速市场份额的下滑。

过去公路客运企业朝南坐，拍拍脑袋，开条线、排个班，车车有人。如今环境发生了根本性变化，城际出行市场成了一个供给过剩市场，也是供给高度多元化的市场，拍脑袋排个班，不仅排不出客人，更可能彻底失去这个市场。

公路客运企业要弄清楚旅客哪里变了、都去哪儿了。或许公路客运遇到的最大的矛盾是公路客运供给服务过于粗放，过于低端，以致不能满足个性化、多样化和高端化出行需求快速增长。

其实，任何一条班线都是一个独立的运输子市场。公路客运企业要对每一个子市场进行全方位的市场调查，掌握每一个子市场需求高低峰，掌握每一个时间段需求规模和层次，进而围绕需求特征的变化来进行班次调整。

固定班次调减势必会形成某一时间段针对某一需求的服务能力空白，除了通过营销进行有效引导归集之外，还需要通过定制客运等方式来满足更具个性化和高端化出行需求。

四、运输组织创新，只是为了降成本？

行业管理部门研究制定的道路客运接驳运输、促进旅客联程运输发展的管理办法和指导意见，在很大程度上为公路客运企业改革运输组织方式、降低客运成本提供了很好的指导。

以往在客流不缺的情况下，公路客运企业大多采用的是站站直达的模式，但随着客流的快速下降，需要把运输经济学中运输轴辐结构模式的价值淋漓尽致地发挥出来。接驳和结点运输所能起到降成本的效应是显而易见的，但不仅于此，其价值是能够留出更多精力和空间来做好“门到门”的文章。

公路客运企业可以将全过程运输分为标准化和定制化相结合的模式，干线之间更多体现的是标准化服务，而末端到门之间要大力实施精益服务，推行个性化定制、柔性化生产和无痕化服务等。

五、人员成本是重头，但人员分流怎么分？

随着客流下降，客运站的售检发功能占比将会进一步降低，在三年内对站务人员的规模需求下降幅度必将超过50%；运输企业的车辆停驶比例将进一步提高,很多地方已经出现驾驶员富余、轮流上车驾驶的现象,班车驾驶员的需求紧张程度将大幅减缓。

如此,公路客运企业单位员工的产出价值也将大幅降低,人力资源闲置和利用率不足将成为公路客运企业成本负担中重头。

据说某行业上市公司已裁员上千人,不知真假。但可以确定的是,以后这些新闻将会不绝于耳。公路客运企业的人员分流,降低人力成本,将是公路客运企业未来五年内遇到最棘手的问题。

这主要因为:

一是人员素质普遍不高,转岗消化难度大。

全国道路运输行业 3300 万从业人员中,高中及以下学历占 87.1%。公路客运从业人员素质存在较大的短板,尤其是从行政垄断型行业向市场竞争型行业转变的过程中从业人员素质的结构性问题将会更加突出。行业属性的差异使得人员分流转换难度大,当然,这不仅是行业素质、能力的问题,还有理念和价值观的问题。

二是人力资源机制和政策僵化,降人工的方法手段缺失。

绝大部分的公路客运企业都是老企业,很多是国有企业,大多的老做法无法适应即将来临的阵痛期。尤其是大多数企业的人力资源管理还停留在劳资管理的阶段,缺少在特殊时期处理人力资源问题所需要具有的预见性、前瞻性和灵活性。

目前,公路客运企业尤其是要做好主副业的产业配置规划。公路客运企业原来不在意物业等副业都将在企业生存挑战中发挥重要作用,因此,需未雨绸缪,及时调整经营策略,这些物业等将是人员分流重要的、可快速落地的去处。

伟大的企业都是改变中的成长起来的。三星的李键熙有句名言:“除了老婆孩子,一切都要变。”有了这个改变的决心,三星迅速做起来了。对于处于当今的公路客运企业而言,要生存和发展,只有改变;更要面对现实,主动改变。

# 参考文献


[1] 冯仑. 行在宽处[M]. 长沙:湖南人民出版社,2014.

[2] 森川亮. 简单思考[M]. 北京:北京联合出版公司,2016.

[3] 杨国安. 组织能力的杨三角:企业持续成功的秘诀[M]. 北京:机械工业出版社,2015.

[4] 郭士纳. 谁说大象不会跳舞[M]. 北京:中信出版社,2017.

[5] 彼得·蒂尔. 从0到1[M]. 北京:中信出版社,2015.

[6] 吴晓波. 大败局[M]. 杭州:浙江大学出版社,2017.

[7] 吴晓波. 激荡十年,水大鱼大[M]. 北京:中信出版集团,2018.